面向智慧应急管理的
成像卫星任务规划方法

常中祥　周忠宝　姚　锋　著

科学出版社

北京

内 容 简 介

本书旨在充分挖掘新一代对地观测卫星的超强遥感信息获取能力,获取"更多""更快""更好""更省"的遥感信息,满足应急管理日益丰富的信息支援要求,为其行动提供决策依据。分别面向新一代对地观测卫星的三类新型对地观测能力,本书研究了相应的卫星成像观测任务规划技术,充分挖掘了其遥感数据获取能力。此外,面向遥感获取能力与数据接收能力之间不断被激化的现实矛盾,本书攻克了卫星成像数据回放任务规划技术,一定程度上缓解了数据接收发展迟滞造成的遥感卫星应用瓶颈。

本书为拓展遥感卫星应用市场提供理论支撑,同时助力天基赋能的智慧应急管理体系建设,可供关注遥感卫星管理和应急管理体系建设的相关研究人员和管理人员阅读。

图书在版编目(CIP)数据

面向智慧应急管理的成像卫星任务规划方法 / 常中祥,周忠宝,姚锋著. —北京:科学出版社,2024.2
ISBN 978-7-03-076056-2

Ⅰ. ①面… Ⅱ. ①常… ②周… ③姚… Ⅲ. ①人造地球卫星-卫星图像-图像处理-应用-危机管理 Ⅳ. ①TP75 ②C934

中国国家版本馆 CIP 数据核字(2023)第 136862 号

责任编辑:徐 倩 / 责任校对:贾娜娜
责任印制:赵 博 / 封面设计:有道设计

科 学 出 版 社 出版
北京东黄城根北街 16 号
邮政编码:100717
http://www.sciencep.com

北京中石油彩色印刷有限责任公司印刷
科学出版社发行 各地新华书店经销

*

2024 年 2 月第 一 版 开本:720 × 1000 1/16
2025 年 1 月第二次印刷 印张:11 3/4
字数:237 000

定价:136.00 元
(如有印装质量问题,我社负责调换)

前　言

　　面向新一代对地观测卫星（earth observation satellite）的新型对地观测能力、考虑地面数据接收系统能力发展相对落后的现状，本书针对对地观测卫星参与应急管理、提供支援信息的两个基本环节（卫星成像观测和成像数据回放），优化对应的执行方案（卫星成像观测方案和成像数据回放方案），努力挖掘遥感信息获取能力，"更多""更快""更好""更省"地获取遥感信息，提供及时、准确、丰富的支援信息，从而支撑应急管理部门的科学决策。另外，本书力图填补新一代对地观测卫星任务规划调度问题的研究空白。本书主要工作概括如下。

　　（1）面向新型对地观测能力的卫星成像观测任务规划（observation scheduling for earth observation satellite）研究。本书充分挖掘新一代对地观测卫星的超强遥感新型获取能力，分别研究广义任务合成观测任务规划问题（observation scheduling problem for agile earth observation satellite with comprehensive task clustering，OSWCTC）、非沿迹包络成像观测任务规划问题及变成像时长成像观测任务规划问题（observation scheduling problem for agile earth observation satellite with variable image duration，OSPFAEOS-VID）。

　　（2）遥感信息获取能力和地面数据接收能力不匹配下的卫星成像数据回放任务规划（satellite image data downlink scheduling）研究。本书直面遥感信息获取能力与相对落后的数据接收能力之间不断被激化的现实矛盾，为解决海量支援信息的快速、高效传输问题，分别研究卫星成像数据动态回放任务规划问题（dynamic satellite image data downlink scheduling problem，D-SIDSP）和卫星一体化任务规划问题（integrated scheduling problem for earth observation satellite，ISPFEOS）。

　　（3）高扩展性的自适应多目标模因算法。面向卫星遥感应用需求的日益多元化趋势，考虑应急管理各阶段用户关注点差异性（优化目标不同）的特点，基于模因算法（memetic algorithm）架构，本书设计一类自适应多目标模因算法（ALNS+NSGA-II），以自适应大邻域搜索算法（adaptive large neighborhood search algorithm，ALNS）为后代解产生算法，以非受支配排序遗传算法II（non-dominated sorting genetic algorithm II，NSGA-II）为算法进化机制，实现帕累托前沿（Pareto frontier）的快速稳定收敛，推荐多样化的规划方案，满足多元化应用需求。

　　（4）卫星任务规划问题测试算例集生成方法。面向对地观测卫星成像观测任务规划领域没有公认的标准测试集的现实，本书从工程实践出发，系统梳理对地观测卫星任务规划研究的测试算例集构成元素，提出一套完整的对地观测卫星任务规划问题的测试算例集生成方法，并支撑各章具体问题的实验验证。

在撰写本书过程中，我们参阅了大量的文献，书中所附的主要参考文献仅为其中一部分，在此向所有列入和未列入参考文献的作者表示衷心的感谢！

本书受到国家自然科学基金青年项目（72301098）、湖南省自然科学基金青年项目（2023JJ40183）的资助，在此表示感谢！

限于作者的水平，书中难免有不妥与疏漏之处，敬请不吝赐教。

作　者

2023 年 2 月

目　　录

第1章 绪 论

我国是世界上自然灾害最严重的国家之一，灾害种类多，分布地域广，发生频率高，损失重、风险高。全国约 70%以上的城市、50%以上的人口分布在气象、地震、地质、海洋等自然灾害高风险地区。多发、频发的自然灾害除直接造成严重人员伤亡和财产损失外，还通过供应链、生产链、信息链、水电气长输送管线等新型传播载体极大地放大灾害损失，成为制约我国经济社会可持续发展的重大安全隐患。2019 年 11 月 29 日，习近平总书记在中央政治局第十九次集体学习时强调指出，要强化应急管理装备技术支撑，优化整合各类科技资源，推进应急管理科技自主创新，依靠科技提高应急管理的科学化、专业化、智能化、精细化水平[①]。为此，于 2018 年 3 月根据十三届全国人民代表大会第一次会议批准的国务院机构改革方案[1]整合国家安全生产监督管理总局、国务院办公厅、公安部、民政部、国土资源部、水利部、农业部、国家林业局、中国地震局、国家防汛抗旱总指挥部、国家减灾委员会、国务院抗震救灾指挥部及国家森林防火指挥部等部门的相关应急管理职责，我国正式组建应急管理部，作为国务院辖制的独立部门。我国政府对应急管理的重视程度可见一斑。

1.1 研究背景和意义

统计数据显示，以火山喷发、洪涝、台风、干旱、地震、地质灾害等为主的自然灾害发生的位置和时间具有较强的随机性[2,3]，应急灾害事件的高度突发性要求应急救援必须具备高时效性；各类自然灾害的受灾范围广、波及人员众多，且经济损失巨大，强跨地域性要求应急救援能够不受地域、天气等影响，精准、全方位地掌握受灾区域的实时情况。应急管理部统一辖制、指挥的应急救援活动下的信息支援要求呈现多源、异构、多层级的新特点，其高突发性、强跨地域性和高时效性要求越发凸显。能够不受地域、天气等限制获取遥感信息的对地观测卫星作为支撑应急管理、提供（近）实时支援信息的一类特殊应用资源，其发挥的作用愈加不可替代[4,5]。

---

① 应急管理部. 习近平主持中央政治局第十九次集体学习[EB/OL].（2019-11-30）[2023-09-20]. https://www.mem.gov.cn/xw/ztzl/xxzl/201911/t20191130_341797.shtml.

1.1.1 智慧应急管理的天基信息支援需求

应急管理是指针对人道主义应急救援各阶段（准备阶段、响应阶段、缓解阶段及恢复阶段），对所有资源和行动进行统筹调度和规划，从而最大限度降低应急灾难事件造成的负面影响[6]。应急管理是一项宏大的系统工程，需要快速、准确地制订方案，协调系统资源，有效整合各方力量完成应急任务。此外，面向应急管理部统一辖制下的应急管理，对地观测卫星作为提供支援信息支撑应急管理的一类特殊应用资源，其发挥的作用越发突出。例如，1998 年的长江全流域性特大洪水、2008 年的汶川大地震、2009 年的台湾"八八风灾"泥石流及 2010 年的广西百色森林大火等自然灾害应急救援过程中，对地观测卫星起到了不可取代的作用。对地观测卫星参与应急管理的信息支援流程如图 1-1 所示。

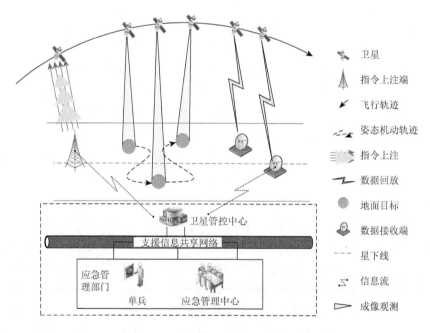

图 1-1 对地观测卫星参与应急管理的信息支援流程

应急管理部门（单兵或者应急管理中心等）提出信息支援需求，即需要被观测的地面目标。信息支援需求通过支援信息共享网络（电报、传真、电话及以太网等渠道）下达至卫星管控中心。卫星管控中心面向信息支援需求，结合对地观测卫星平台和地面数据接收站平台（简称地面站，包括指令上注端和数据接收端）

的系统状态，统筹制订对地观测卫星成像观测执行方案与对地观测卫星成像数据回放执行方案，从而完成信息支援需求对应的地面目标的遥感信息获取任务。卫星管控中心通过支援信息共享网络，更新地面目标的观测信息，即提供支援信息，进而辅助、支撑应急管理部门的工作、行动决策。

对地观测卫星按照轨道高度[7, 8]可以分为：①低轨卫星（low-altitude earth orbit，LEO），轨道高度为400～2000km；②中高轨卫星（medium-altitude earth orbit，MEO），轨道高度为2000～20000km；③静止轨道卫星（geosynchronous earth orbit，GEO），轨道高度为35786km。对地观测卫星按照应用途径可以分为遥感卫星、通信卫星、导航卫星。本书研究的对地观测卫星均属于低轨遥感卫星。对地观测卫星在人类健康、自然灾害、气象预报、水资源、能源、气候变化、荒漠化、生物多样性、陆地海岸带和海洋生态等领域的检测、观测、预警方面具有得天独厚的优势。一方面，卫星在距离地面400km以上的轨道绕地球飞行，可以不受地域、国境、政治等因素限制，观测任意地面目标从而获取对应的遥感信息，具备无障碍观测能力；另一方面，卫星可以携带不同种类的传感器/相机，如可见光相机、红外相机、微波相机、电子相机等，能够全面、多方位地观测岩石圈、水圈、大气圈及生物圈，获取多维度、综合的遥感信息，具备多测度观测能力。集无障碍观测能力和多测度观测能力于一身的对地观测卫星在遥感信息获取方面具有得天独厚的优势，它能够全方位参与应急管理的各阶段（准备阶段、响应阶段、缓解阶段及恢复阶段），为应急管理各阶段的工作、行动等提供准确、（近）实时、丰富的信息支援，辅助、支撑相关操作人员的行动决策。有效利用（即优化）对地观测卫星的无障碍观测能力和多测度观测能力，实现"更多""更快""更好""更省"地对信息支援需求（即地面目标）观测成像，且尽可能多、尽可能快地回放其形成的成像数据，是对地观测卫星参与应急管理、提供信息支援的关键。优化对地观测卫星成像观测执行方案的过程称为卫星成像观测任务规划[2]；优化对地观测卫星成像数据回放执行方案的过程称为卫星成像数据回放任务规划[9]。本书将面向新一代光学成像卫星的新能力和对地观测系统的现实发展需求，重点研究卫星成像观测任务规划和卫星成像数据回放任务规划，提出一套包含问题建模、算法设计及实验验证的完整方法论，以提升对地观测卫星服务应急管理信息支援的时效性、准确度及丰富度。

1.1.2　光学卫星成像原理

1. 成像卫星组成

成像卫星是利用星载光学（可见光、红外、多光谱）或者合成孔径雷达

（synthetic aperture radar，SAR）遥感器从太空中获取地面图像信息的遥感卫星[10]。成像卫星通常由遥感卫星平台搭载成像传感器组成，运行在设定的、近极地、近圆形、太阳同步和回归的轨道上。成像卫星飞行速度较快，约为 7.9km/s，每天可绕地球飞行 16 圈左右。由于其具有不受国界和空域限制、覆盖范围广、运行时间长、视点高、视域广等优点，成像卫星可以获取周期性、高质量、高分辨率、畸变小、比例尺适中、多波段的对地观测图像，具有重要的军事用途和重大的经济价值，在军事侦察、灾害防治、城市规划、环境保护、国土勘查等领域都发挥了不可替代的作用，也是发射数量最多、用途最广、发展最快的遥感卫星。成像卫星主要分为光学成像卫星和雷达成像卫星。光学成像卫星采用可见光、红外、多光谱相机成像，空间分辨率高；雷达成像卫星采用 SAR 遥感器成像，不受白天、黑夜及云雾的影响，具有一定的穿透能力。成像卫星基本组成如图 1-2 所示。

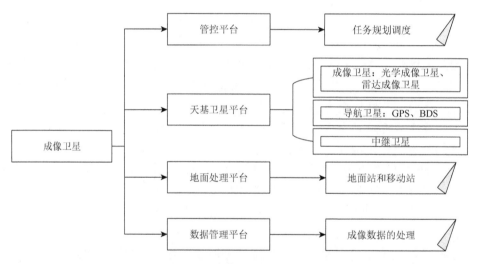

图 1-2　成像卫星基本组成

GPS 指全球定位系统（Global Positioning System）；BDS 指北斗导航卫星系统（Beidou Navigation Satellite System）

1）遥感卫星平台

遥感卫星平台是成像卫星在轨工作的基础和保障，它为有效载荷的操作提供环境和技术条件服务，常称为服务舱。遥感卫星平台由结构与机构系统、姿态与轨道控制分系统、星务管理分系统、电源分系统、热控分系统、推进分系统、测控分系统等组成，负责管理整颗遥感卫星，提供控制卫星在轨运行的轨道与姿态、保证有效载荷的指向和工作能量、维持各个设备正常工作的安全环境、接收处理卫星控制指令和遥测信号、数据通信、星上存储与转发等功能。

2）遥感器

遥感器的种类不断增加，性能不断提高。可见光、红外摄像系统是早期遥感卫星普遍使用的光学遥感器（相机），信息记录在胶片上面，在遥感卫星使命完成后随回收舱返回地面；光学遥感器还有框幅式相机、全景式相机、光机扫描仪等。通过进一步的发展，遥感器实现了电子化，出现了电荷耦合器件（charge-coupled device，CCD）线阵、面阵扫描仪、微波散射计、雷达测高仪、激光扫描仪和合成孔径侧视雷达等[11]。

成像卫星的星载遥感器可按电磁波辐射来源分为两类，即主动式遥感器和被动式遥感器。主动式遥感器本身向地面目标发射电磁波，并收集从地面目标反射回来的电磁波信息，如 SAR、激光雷达等。被动式遥感器收集地面目标反射来自太阳光的能量或地面目标本身辐射的电磁波能量，如摄影相机和扫描仪等[12]。光学载荷卫星的遥感器即属于被动式遥感器。光学载荷卫星的遥感器主要有可见光相机、多光谱相机和红外相机等。在各种军事航天侦察手段中，光学载荷卫星发展得最早、最快，技术也最成熟。

按遥感器的成像原理和所获取图像的性质，可将被动式遥感器分为摄影相机和扫描仪两种。

（1）摄影相机

摄影相机主要由物镜、快门、光圈、暗盒（胶片）、机械传动装置等组成。曝光后的底片只是地面目标的潜影，须经过摄影处理后才能显示影像。常见的摄影相机有框幅式相机、缝隙式相机和全景式相机[13]。

①框幅式相机，又称画幅式相机。框幅式相机的成像原理与普通相机相同，摄影时光轴指向不变，在快门启闭的瞬间，镜头视场内的地面目标辐射信息一次性地通过镜头中心后在焦平面上成像。

②缝隙式相机，又称航带式相机或推扫式相机。缝隙式相机摄影瞬间所获取的影像是与航向垂直且与缝隙等宽的一条地面影像带。当卫星向前飞行时，在相机焦平面上与飞行方向垂直的狭隙中出现连续变化的地面影像。如果相机内的胶片不断地卷绕，且卷绕速度与地面影像在缝隙中的移动速度相同，就能得到连续的条带状航带摄影像片，如图 1-3（a）所示。

③全景式相机，又称摇头相机或扫描相机。全景式相机是利用焦平面上一条平行于飞行方向的狭缝来限制瞬间视场的，在摄影瞬间得到的是地面上平行于航迹线的一条很窄的影像。若物镜沿垂直航线飞行摆动，就得到一幅全景像片，如图 1-3（b）所示。

摄影相机具有地面分辨率高、几何特征明显等特点，但也存在以下缺点：①感光范围有限，胶片一般仅能记录波长小于 1.1μm 的电磁波辐射能量；②情报时效性差，只有在回收胶卷并把像片洗印出来后才能进行判读，所得到的已是几天甚至十几天前的情报，无法掌握最新情况；③卫星工作寿命短，由于卫星所能携带的胶片数量有限，一旦胶片用完，卫星的寿命即终结。摄影相机已较少使用[14]。

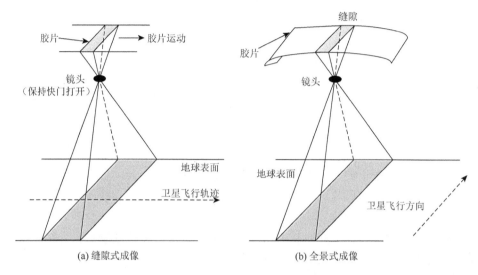

(a) 缝隙式成像　　　　　　　　　　　(b) 全景式成像

图 1-3　缝隙式相机和全景式相机的成像原理示意图

（2）扫描仪

扫描仪采用专门的光敏或热敏探测器把收集的地面目标电磁波能量变成电信号记录下来，再把电信号进行数字化处理，变成数字信号，利用数字通信技术，把数字化的图像信息传回地面，从而实现情报信息的实时或近实时传输。常见的扫描仪有光机扫描仪和推扫式扫描仪[15]。

①光机扫描仪，又称掸扫式扫描仪（whisk broom scanner）。光机扫描仪借助卫星平台沿飞行方向的运动和遥感器本身的光学机械横向扫描，从而完成地面覆盖，得到地面条带图像，如图 1-4（a）所示。

②推扫式扫描仪（push broom scanner）。推扫式扫描仪采用线阵（或面阵）探测器作为敏感元件，线阵探测器在光学焦平面上垂直于飞行方向做横向排列。当卫星向前飞行完成纵向扫描时，排列的探测器就扫出一条带状轨迹，从而得到地面目标的二维信息，如图 1-4（b）所示。

2. 成像方式

目前光学成像卫星主要使用横扫式同步扫描成像传感器，卫星对地面目标的可成像时间全部用来成像，成像起始和结束时刻由卫星的过顶访问时间决定。当卫星只能对星下点成像时，由于视场角及轨道的限制，卫星对地面目标的可观测范围较小。为了扩大成像卫星的可观测范围，一般要利用卫星的侧摆成像能力。

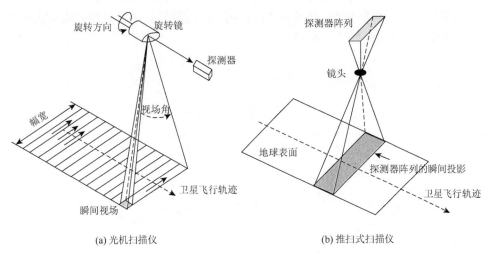

(a) 光机扫描仪　　　　　　　　(b) 推扫式扫描仪

图 1-4　光机扫描仪和推扫式扫描仪的成像原理示意图

虽然某些现代成像卫星同时具有多种形式的侧摆能力，包括滚动（roll）、俯仰（pitch）、偏航（yaw）等，但是滚动侧摆仍是扩大成像卫星可观测范围的最主要方式。由于成像侧摆角度的变化，成像时传感器视场在方位向的瞬态投影是可偏离星下点的一条线段，如图 1-5 所示。卫星的最大侧摆角度形成的可观测区域称为可见区域（field of regard，FOR）。

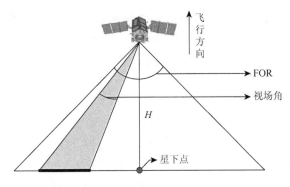

图 1-5　光学成像卫星成像时方位向投影

为了扩大观测范围，成像卫星一般都具有侧视功能，即能够垂直于卫星轨道进行摆动，便于对偏离星下线的目标实施观测。一些卫星同时具有侧向和前后向

（卫星行进方向）的观测能力，少数卫星还能实现三个自由度的姿态调整。对于这类能够调整遥感器指向的成像卫星，星载遥感器在轨飞行时的观测范围是一个以星下点轨迹为中心线的带状区域，处于这个带状区域内的地面目标都有机会被卫星观测。由于星载遥感器的视场角有限，同一时刻星载遥感器只能观测带状区域内有限的地面场景，如图 1-6 所示。

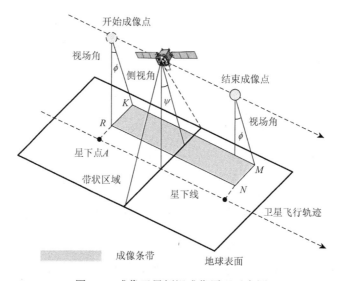

图 1-6　成像卫星侧视成像原理示意图

1.1.3　背景型号卫星特点

本书的研究成果已分别应用于高分二号卫星（GF-2）、高景系列卫星及高分多模卫星（GFDM-1）的地面任务管控系统中。本节将从卫星基本情况和卫星能力两个方面，对这三个型号卫星进行简要介绍。

1. 高分二号卫星

高分二号卫星是我国自主研制的首颗空间分辨率优于 1m 的民用光学遥感卫星，于 2014 年 8 月 19 日成功发射入轨[16]，搭载有两台高分辨率 1m 全色相机、4m 多光谱相机，具有亚米级空间分辨率、高定位精度和快速姿态机动（attitude conversion）能力等特点，有效地提升了卫星综合观测效能，星下点空间分辨率可达 0.8m，标志着我国遥感卫星进入了亚米级"高分时代"。高分二号卫星的基本参数如表 1-1 所示。高分二号卫星的主要用户为自然资源部、住房和城乡建设部、交通运输部、国家林业和草原局等部门，同时为其他用户部门和有关区域提供示范应用服务。

表 1-1 高分二号卫星的基本参数

参数	指标
轨道类型	太阳同步回归轨道
轨道高度	631km
轨道倾角	97.908°
降交点地方时	10:30 AM
重访周期	5d
载荷分辨率	0.8m（星下点）
固存总量	2×2.45Tbit
回放码速率	2×450Mbit/s
录放比	1：1.6
姿态机动能力	滚动±25°

2. 高景系列卫星

于 2016 年 12 月 28 日和 2018 年 1 月 9 日，四颗高景一号系列卫星相继成功发射入轨[17]，四颗卫星以 90°夹角组网运转，具备对全球任意一点 1 天重访的能力，标志着我国首个 0.5m 高分辨率商业遥感卫星星座正式建成。高景系列卫星具有专业级的图像质量、高敏捷的机动性能、丰富的成像模式和高集成的电子系统等技术特点，其基本参数如表 1-2 所示。高景系列卫星在轨应用后，打破了我国 0.5m 级商业遥感数据被国外垄断的局面，也标志着国产商业遥感数据水平正式迈入国际一流行列。

表 1-2 高景系列卫星的基本参数

参数	指标
轨道类型	太阳同步回归轨道
轨道高度	530km
轨道倾角	97.4728°
降交点地方时	10:30 AM
重访周期	1d
载荷分辨率	0.5m（星下点）
固存总量	2.0TB
回放码速率	2×450Mbit/s
录放比	1：1.9
姿态机动能力	滚动±25°，俯仰±45°

3. 高分多模卫星

2020 年 7 月 3 日，长征四号乙运载火箭从太原卫星发射中心发射，采用"一箭双星"的方式成功将高分多模卫星送入预定轨道[18]。高分多模卫星是我国首颗分辨率达到 0.5m 同时具有多种工作模式的综合光学遥感卫星，继承中型敏捷平台技术，具有真正意义上的敏捷姿态机动能力，能够实现一边成像一边姿态机动的主动成像（active-imaging），其基本参数如表 1-3 所示。

表 1-3　高分多模卫星的基本参数

参数	指标
轨道类型	太阳同步回归轨道
轨道高度	643.8km
轨道倾角	97.96°
降交点地方时	10:30 AM
重访周期	不超过 2d
载荷分辨率	0.5m（星下点）
固存总量	5.0TB
回放码速率	2×450Mbit/s
姿态机动能力	滚动±45°，俯仰±60°，偏航±90°

1.1.4　研究意义

卫星任务规划问题是一类复杂的交叉学科问题，涉及运筹学、系统工程、管理科学等研究领域的知识。它具有种类繁多且高度组合的约束条件，而且求解空间庞大，在理论上已被证明为非确定性多项式难（non-deterministic polynomial hard，NP-Hard）问题。对地观测技术不断革新（具有可视即观测能力、超高成像分辨率和在轨卫星数量急剧增加），而数据接收能力相对落后（地面站系统数量稀少且均在国内分布），使得强大的信息获取能力与发展滞后的数据接收能力之间的矛盾不断被激化，给解决新一代光学成像卫星的任务规划问题带来了诸多新挑战。

本书以新一代光学成像卫星参与应急管理为研究契机，由此展开新一代光学成像卫星任务规划问题的研究，努力提升成像卫星参与应急管理的能力，最大化发挥遥感卫星的天基信息支援能力，同时力图填补新一代光学成像卫星任务规划调度问题的研究空白。

（1）应用新一代光学成像卫星的灵活姿态能力，实现一次开机多次成像，研究广义任务合成观测任务规划问题。综合考虑敏捷成像卫星（agile earth observation satellite，AEOS）更快、更准、更稳的能力优势和视场角窄、数传开机耗时长等缺点，借鉴相关非敏捷成像任务合成研究，本书提出广义任务合成（comprehensive task clustering，CTC）概念，实现一次数传开/关机内获取多个地面目标的遥感数据。考虑问题的新颖性，将从问题分析、数学建模、算法设计及仿真分析等方面详细研究该问题。

（2）充分发挥新一代光学成像卫星的主动成像能力，优化卫星的成像时长和成像推扫方向，研究非沿迹包络成像和变成像时长成像的观测任务规划问题。主动成像是全敏捷成像卫星所特有的一类新型成像方式，卫星在主动成像的同时能够调整姿态。复杂的主动成像过程一方面导致卫星观测地面目标（observing ground target）的推扫轨迹可以沿任意方向，理论上方向有无穷多个，取值范围为[0°, 360°)；另一方面使得卫星观测地面目标的成像时长不再是事先可知、固定的、静态的，而是由地面目标优先级、相邻目标拥堵情况等多因素综合影响的。本书将从问题分析、数学建模、算法设计及仿真分析等方面详细研究两类卫星成像观测新型任务规划问题：非沿迹包络成像观测任务规划和变成像时长成像观测任务规划。

（3）缓解强大的信息获取能力与相对落后的数据接收能力之间不断被激化的矛盾，实现其分级分辨率下遥感数据的成功传输，研究 D-SIDSP。强大的信息获取能力与相对落后的数据接收能力之间的矛盾不断被激化，一次观测形成的成像数据不能在一个地面站可见时间窗口内完全回放，必须分割回放。一方面，卫星成像数据回放任务规划对卫星获取地理信息的重要性凸显，逐渐转变为限制卫星发挥效能的瓶颈。另一方面，卫星成像数据回放任务规划问题（satellite image data downlink scheduling problem，SIDSP）不再是简单的卫星数据下行链路排队问题（downlink request permutation problem，DRPP）或者卫星范围调度问题（satellite range scheduling problem，SRSP），更不是卫星成像观测任务规划问题（observation scheduling problem for earth observation satellite，OSPFEOS）的附属。SIDSP 具有更为复杂的内涵，是一个全新的组合优化问题，值得也必须单独被深入研究。本书将详细剖析问题本质，建立完整的数学模型，提出两类求解思路：先分割再调度和动态分割调度。

（4）综合优化卫星成像观测方案和卫星成像数据传输方案，确保卫星成像的真实有效性，提升地面站使用效率，研究 ISPFEOS。遥感数据获取和遥感数据传输是天基信息支援的两个不可缺少的关键环节，单纯优化、提升任意一个环节的效率，都无法保证天基信息支援的应用效能的最大化挖掘，只有综合、一体化考虑卫星成像观测任务规划和卫星成像数据回放任务规划，减少卫星大量无效观测，节约卫星系统的能源，提升地面站使用效率，才能最大化利用信息价值，提升天基信息支援真实效率。针对该问题，本书提出三种卫星一体化任务规划模式，综合分析三种模式的适用性，力图提供一套完整的 ISPFEOS 的解决思路，满足应急管理的多层级应用需求。

1.2　对地观测系统发展特点

从 1957 年苏联发射第一颗人造卫星[19]至今，人造卫星相关技术发展历经了半个世纪有余。对地观测技术（包含卫星平台自由度、卫星成像分辨率及在轨卫星数量等）发生了天翻地覆的变化，对地观测卫星的成像能力（即遥感信息获取能力）得到了显著提升。

1.2.1　姿态机动能力更快、更准、更稳

考虑卫星姿态机动过程是否消耗星上能源，现有研究将姿态机动分为被动控制（passive vibration control，PVC）、主动控制（active vibration control，AVC）及主被动一体化控制（integrated passive-active vibration control，IPAVC）。被动控制的卫星利用其自身的动力学特性（如角动量、惯性矩）或者周围环境作用，实现姿态控制、维持姿态稳定，但是被动控制的指向精度和稳定精度较低。人造卫星早期，星上能源无法支撑能源消耗巨大的主动控制或者主被动一体化控制的姿态机动，因此，被动控制成为当时的首选，如图 1-7（a）所示。

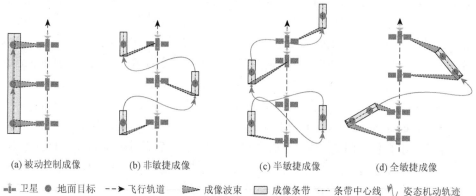

(a) 被动控制成像　　　(b) 非敏捷成像　　　(c) 半敏捷成像　　　(d) 全敏捷成像

➡️卫星　● 地面目标　--▶ 飞行轨道　◤ 成像波束　☐ 成像条带　--- 条带中心线　〰 姿态机动轨迹

图 1-7　姿态机动能力发展之目标观测方式变迁

主动控制或者主被动一体化控制的卫星能够实现俯仰、滚动和偏航三个方向的解耦控制，这样的卫星又称三轴稳定卫星，如图 1-8 所示。三轴稳定卫星的指向精度和稳定精度都远高于被动控制的卫星。例如，美国的 LANDSAT-7 指向精度为 0.01°～0.05°，姿态稳定度为 10^{-6}～10^{-4}(°)/s；法国的 SPOT-5 指向精度可达到 0.15°，姿态稳定度为 8×10^{-6}～5×10^{-4}(°)/s；日本的 ALOS 指向精度为 4×10^{-4}(°)/s，三轴长期稳定度为 2×10^{-4}(°)/5s（中继天线无转动）和 4×10^{-4}(°)/5s（中继天线转

动); 我国的东方红三号卫星平台指向精度约为 0.15°, 姿态稳定度约为 1×10^{-3} (°)/s。实现主动姿态机动和维持姿态稳定是卫星姿态控制研究领域[20]的研究重点, 已有大量学者致力于此问题的研究, 并形成了丰富的研究成果。

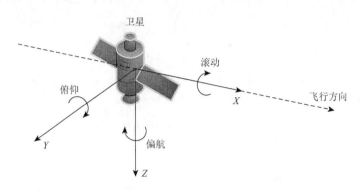

图 1-8 三轴方向示意图

本书研究的型号卫星均采用三轴稳定的姿态机动方式[21]。三轴稳定卫星的成像方式可以分为非敏捷成像 (图 1-7 (b))、半敏捷成像 (图 1-7 (c)) 和全敏捷成像 (图 1-7 (d))。其中, 非敏捷成像和半敏捷成像都是被动成像[22, 23], 即成像过程中卫星的姿态保持不变, 且成像条带必须平行于卫星的星下线方向。

非敏捷成像卫星只有一个自由度方向, 通常为滚动方向[24]。得益于滚动能力, 卫星能够观测星下线两侧地面目标, 但是其只能在过顶时刻对地面目标进行遥感信息获取。因此, 卫星对地面目标的观测机会相对有限, 能够覆盖的范围也相对局限, 对应的 OSPFEOS 类似经典流水车间调度问题。

半敏捷成像卫星具有两个自由度方向, 通常为俯仰方向和滚动方向[25]。卫星与地面目标的成像可见时间窗口远大于观测窗口, 卫星可以早于或者晚于过顶时刻观测地面目标。因此, 卫星对地面目标的观测机会更多, 能够覆盖的范围更广, 同时求解对应的 OSPFEOS 更具挑战性, 高分二号卫星和高景系列卫星均属于此类对地观测卫星。

全敏捷成像卫星具备三个自由度方向 (俯仰、滚动及偏航)[10], 且具有主动成像的能力[26], 即在成像过程中卫星能够时刻调整姿态, 其成像条带不再必须平行于星下线, 能够沿任意方向观测地面目标, 又称非沿迹成像。因此, 卫星对地面目标的观测机会更多, 而且成像方式更多样化, 一次过境能够观测的地面目标类型更为丰富, 包括点目标 (图 1-9 (a))、区域目标 (图 1-9 (b)) 和线目标 (图 1-9 (c))。高分多模卫星则是一类典型的全敏捷成像对地观测卫星。

虽然半敏捷成像卫星也可以在一次过境内实现对区域目标 (多成像条带) 的观测[27], 但是它的所有成像条带必须平行于星下线。特别地, 对于一些不规则区

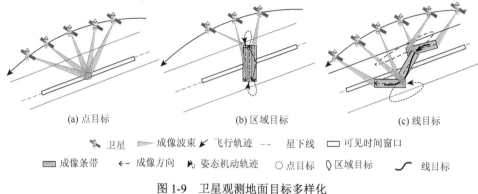

(a) 点目标　　　　　　　(b) 区域目标　　　　　　　(c) 线目标

🛰 卫星　━ 成像波束　↙ 飞行轨迹　-- 星下线　▭ 可见时间窗口
▨ 成像条带　←- 成像方向　🖊 姿态机动轨迹　○ 点目标　◊ 区域目标　〰 线目标

图 1-9　卫星观测地面目标多样化

域目标，半敏捷成像卫星必须以更多成像条带、产生更多无效观测、浪费更多卫星能源为代价，才有可能完成其观测。全敏捷成像卫星能够以更少的成像条带覆盖这些不规则区域目标，如图 1-9（b）所示。

在地面目标的一次过境内，非敏捷成像卫星与半敏捷成像卫星无法实现点目标持续监视成像和线目标观测，全敏捷成像卫星具备完成此类观测任务的能力。全敏捷成像卫星在成像的同时可以调整卫星姿态，卫星能够在一段时间内一直凝视同一个地面位置（点目标），如图 1-9（a）所示，获取特定位置连续一段时间内的遥感信息，更加有力地支撑热点区域监视、自然灾害预警等应急管理。线目标是天然的不规则形状，如国境线、海岸线，在成像过程中需要实时调整卫星姿态，是一种全新的成像模式，对卫星指向精度和稳定精度要求非常高。

卫星姿态机动能力的提升（更快、更准、更稳）提供了更多对地观测卫星获取遥感信息的机会（地面目标的成像可见时间窗口远大于其观测窗口），增加了观测地面目标的成像方式（非沿迹成像），丰富了可以观测的地面目标类型（点目标、区域目标和线目标）。简而言之，更快、更准、更稳的姿态机动使得对地观测卫星具备强大的遥感信息获取能力，即对地观测卫星能够观测其可见范围内的任意地面目标，这就是可视即观测能力。公开资料显示，目前针对该类新型对地观测卫星任务规划的研究均停留在理论阶段[26, 28]。因此，本书将于第 4 章和第 5 章重点研究此类卫星两种观测模式下的任务规划问题。

1.2.2　遥感数据量激增

卫星平台姿态机动不断发展的同时，卫星携带的载荷性能（相机分辨率）也得到了相应的提升。国内外卫星载荷分辨率相继历经了 10 米级时代、米级时代、亚米级时代，有些国家的卫星载荷分辨率突破了甚分级。20 世纪 80 年代至今国内外主要在轨卫星载荷分辨率的发展情况如图 1-10 所示。

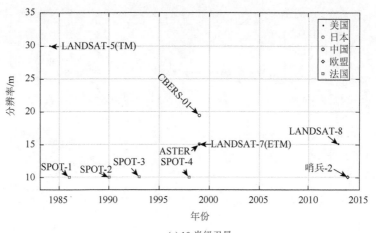

(a) 10 米级卫星

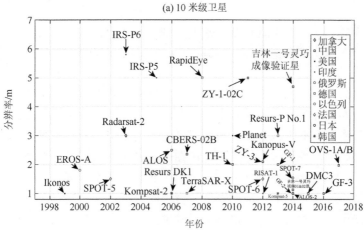

(b) 米级卫星

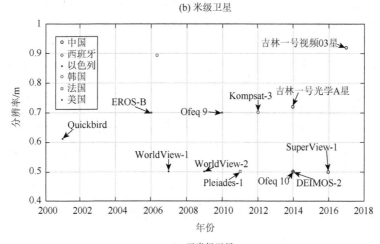

(c) 亚米级卫星

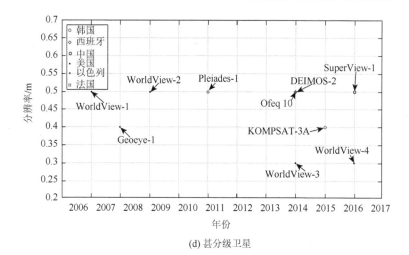

(d) 甚分级卫星

图 1-10　国内外卫星载荷分辨率发展情况

资料来源：www.godeyes.cn（下载日期为 2021 年 4 月 10 日）

　　卫星载荷分辨率的不断提高（即单位像片的像素不断增加）使得对地观测卫星获取的地面目标像片越来越清晰，获取的遥感信息更丰富、更准确。例如，卫星载荷分辨率达到亚米级，卫星图像可以清晰地分辨出地面汽车的车牌号。卫星载荷分辨率越高，单位时间形成的卫星图像所包含的数据量显然越大。高景一号 01 星是我国第一颗商业遥感卫星[21]，具备甚分级的载荷分辨率，它的单景卫星图像（即拍摄 60km×70km 形成的影像）占用的数据量高达数吉字节。

　　此外，国内外相继掀起了遥感卫星发展热潮，对地观测卫星的在轨数量呈几何式增长。由美国国家航空航天局（National Aeronautics and Space Administration，NASA）和美国地质调查局（United States Geological Survey，USGS）共同管理的美国陆地卫星 LANDSAT 项目于 1972 年启动至今，旨在提供精确的地球土地覆盖测量数据。谷歌公司旗下 Terra Bella 公司的 SKYSAT 项目自 2013 年成功发射分辨率为 0.9m 的 SKYSAT-1 号卫星以来，已发射了该系列的 7 颗卫星，目前仍有 20 颗卫星正在研发，编号分别为 SKYSAT-8～SKYSAT-27。2015 年俄罗斯公布了"联邦航天计划"，将于 2016～2025 年建造至少由 26 颗遥感卫星组成的新一代地球遥感卫星集群，以保证对地球陆地、海洋及大气层进行全方位的信息监控与预报。2016 年 12 月 27 日，国务院新闻办公室发布了《2016 中国的航天》白皮书，在发布会上披露了中国 2016～2025 年预计将发射约 100 颗卫星①。

　　越来越高的卫星载荷分辨率和急剧增加的在轨卫星数量在提升卫星对地观

①　中国政府网.《2016 中国的航天》白皮书发布 2030 年中国跻身航天强国[EB/OL].（2016-12-28）[2024-01-25]. https://www.gov.cn/xinwen/2016-12/28/content_5153674.htm.

测、获取遥感信息能力的同时，也给卫星成像数据下行（即卫星成像数据回放）带来了严峻的挑战，凸显了深入研究 SIDSP 的重要意义。

1.2.3　数据接收能力滞后

一般而言，成像数据接收系统包括地面站和中继卫星。中继卫星并不是完全意义上的成像数据接收系统，只是卫星成像数据的中转站，它所接收的卫星成像数据最终还需要传输到地面站。因此，本书未将中继卫星纳入可用的成像数据接收系统。

不同于美国可以全球布站，我国的固定地面站多数分布在我国境内。1986 年，我国建成第一座固定地面站——密云站（Miyun，坐落于 40°N/117°E，位于北京市附近）；2009～2010 年，喀什站（Kashi，坐落于 39°N/76°E，位于新疆维吾尔自治区）和三亚站（Sanya，坐落于 18°N/109°E，位于我国边陲海南省）相继建成并运行[29]。2016 年，我国打破地面站常规布局，建成了我国第一座海外固定地面站——北极站（坐落于 67°N/21°E，位于北极附近）[30]。

短时间内，我国固定地面站数量无法实现实质性增长，也无法根本上改变国内布站的现状，因此"数量稀少、国内分布"将是我国地面站系统发展的长期状态。

同时，我国卫星系统数据接收能力（即地面站接收卫星成像数据的能力）发展相对落后。激光传输技术被认为是下一代卫星传输的首选，目前此技术只适用于小数据量的通信卫星和导航卫星。数据广播传输和点波束天线传输仍然是遥感卫星成像数据的主要传输/接收方式。数据广播传输的时间和范围较广，但速度较慢（10Mbit/s 左右）；点波束天线传输的速度相对较快（500Mbit/s 左右），但是由于数据传输必须完成接收天线与传输天线的校对，点波束天线传输的时间和范围明显受限。遥感卫星成像数据大多具有大数据量特征，特别地，当卫星成像分辨率达到甚分级时，在点波束天线传输模式下，出现了一次性回放（即在一个传输窗口）无法完全接收对地观测卫星一次观测形成的成像数据的尴尬局面，第 6 章将详细阐述该问题。

随着卫星系统能力的不断提升，可视即观测能力、超高成像分辨率、急剧增加的在轨卫星数量、"数量稀少、国内分布"的地面站系统将越来越成为限制我国对地观测卫星获取遥感信息及时性的瓶颈，强大的遥感信息获取能力与相对落后的数据接收能力之间的矛盾不断被激化，给对地观测卫星任务规划研究提出了新的挑战，第 7 章将详细分析、研究该问题。

1.3　国内外研究现状

森林火灾、洪涝灾害、地震搜索及特定目标紧急观测等应急事件的发生具有高度不确定性、跨地域等特点，支援信息通常具有极强的时效性要求[2]，因此，具有无障碍观测能力和多测度观测能力的对地观测卫星非常适合为应急管理活动提供丰富且及时的信息支援。早期的对地观测卫星系统建设相对落后（在轨卫星数量少）、卫星能力发展落后（机动能力弱、成像分辨率较低），面向应急快速响应的研究多偏向于快速响应空间（operationally responsive space，ORS）系统或应急响应系统构建，探索应急任务驱动的对地观测系统快速发射、构建技术。基于对 20 世纪末几场空间技术发展参与的高技术局部战争的总结，美国率先提出 ORS 概念。此后，ORS 技术经历了概念探索阶段、发展起步阶段和全面发展阶段。其中，概念探索阶段的主要任务是探索、明确 ORS 计划的概念和内涵。美国国防部于 2003 年发出了 ORS 计划倡议，并于 2004 年发布了《美国空军航天司令部 2006～2030 财年战略主导计划》，指出 ORS 计划应涉及运输系统、有效载荷、航天发射场和邻近空间系统等技术领域的发展，ORS 技术进入发展起步阶段。关于发展 ORS 计划的报告于 2007 年公布，阐述了 ORS 的总体思路和具体实施细节，ORS 办公室的成立标志着 ORS 计划的正式实施。

ORS 计划中的 ORS 航天器技术、ORS 运载器技术及 ORS 地面基础设施技术取得了长足发展，目前 ORS 计划已具备应急发射、即插即用、模块化及满足战术作战人员需求等能力，满足多项 ORS 目标。另外，对地观测卫星技术也取得了骄人的发展，初步具备无障碍观测能力和多测度观测能力。因此，如何科学运用快速构建的空间系统，充分挖掘其遥感信息获取能力（即遥感信息观测和遥感数据回放），优化对地观测卫星的遥感信息观测和遥感数据回放方案，将成为当前乃至未来一段时间内的主要研究问题之一，这正是本书需要解决的问题。

呼应本书主要研究内容，本节将从任务合成快速覆盖观测任务规划技术、敏捷成像卫星任务规划技术及卫星成像数据回放任务规划技术三个方面阐述对地观测卫星任务规划技术的研究现状。

1.3.1　任务合成快速覆盖观测任务规划研究现状

非敏捷成像对地观测卫星的平台姿态机动能力较弱，通常只具备一个方向自由度的姿态机动能力，而且姿态机动速度较慢、姿态机动次数有限。但是，这类对地观测卫星通常携带视场角较大的相机，得益于此，它们一次过境能够覆盖巨大的地面区域（可达数千平方千米），可以同时获取不同地面目标的遥感信息，许多研究将这种观测方式称为任务合成观测[24]。任务合成观测充分挖掘了非敏捷成像对地观测卫星的遥感信息数据获取能力，提升了其参与应急管理信息支援的服务能力。

面向对地观测卫星固定角度的传感器（即相机），Cohen[31]考虑同时观测覆盖多个地面目标获取对应的遥感信息的问题，分析了任务合成观测的优势，并提出了多地面目标任务合成观测的任务优先级调整与计算方法。

以类似资源一号等平台姿态机动能力较弱的对地观测卫星为例，徐雪仁等[32]重点从卫星平台、分系统控制的角度出发，针对少量地理位置分布接近的地面目标，综合考虑对地观测角度差异和成像时间关系，通过对地观测卫星访问与覆盖地面目标的观测角度、成像时间等参数的优化、调整，实现相邻地面目标的同时观测，达到任务合成观测的目的。

王均[33]将多个相邻地面目标的任务合成观测称为成像侧视角度（即卫星滚动角）归类，在问题分析阶段对任务合成观测问题进行了阐述，提出了基于角度归类和任务满足归类的两种简单的任务合成观测规则与流程，将任务合成观测的地面目标视作一个完整的地面目标，未再深入研究任务合成观测任务规划问题。

面向早期一些姿态机动能力较弱的对地观测卫星，白保存[14]提出了一套完整的考虑任务合成观测的对地观测卫星任务规划方法，综合考虑点目标和区域目标两类差异性较大的地面目标，构建了考虑任务合成观测的成像卫星观测任务规划模型，基于（元）启发式算法，提出了一套整体优化算法和分解优化算法，实现任务合成观测条件下对地观测卫星成像方案的优化。

面向非敏捷成像对地观测卫星，Wu 等[24, 34]将对地观测成像过程分解为任务合成（task clustering）和任务调度（task scheduling）两个阶段，分别提出了一种静态任务合成观测任务规划方法（static task clustering strategy）[34]和一种动态任务合成观测任务规划方法（dynamic task clustering strategy）[24]，将任务合成糅合于任务调度中，同时优化任务合成方案和任务调度方案，尽可能挖掘任务合成观测的应用效能。

上述研究考虑的对地观测卫星只具备非敏捷成像能力，即只具备一个自由度方向的姿态机动能力，对地观测卫星对地面目标的观测方式单一、观测机会较少，任务合成观测完全依赖于其宽视场角。Long 等[35, 36]虽然明确指出其任务合成观测规划的研究对象是敏捷成像对地观测卫星，但是其提出的方法、策略等完全承继了文献[14]、[24]和[34]的研究思路。敏捷成像对地观测卫星的视场角显著小于非敏捷成像对地观测卫星的视场角[37]，依赖于宽视场角的任务合成观测方法显然不完全适用于敏捷成像对地观测卫星。因此，第 3 章将提出一种新型任务合成概念——广义任务合成，充分挖掘敏捷成像对地观测卫星的灵活姿态机动能力，弥补其窄视场角的不足，从而获取更多地面目标的遥感信息，更有效支撑应急管理的信息支援需求。

1.3.2　敏捷成像卫星任务规划研究现状

2002 年，Lemaître 等[38]以法国的 PLEIADES 项目为依托，正式提出了敏捷成像卫星对地观测任务规划问题（observation scheduling problem for agile earth observation satellite，OSPFAEOS），分析了敏捷成像的特点及 OSPFAEOS 的新挑战，并从理论上证明 OSPFAEOS 是比非敏捷成像 OSPFEOS 更为复杂的高度组合问题，也是 NP-Hard 问题。

Bensana 等[39]和 Lemaître 等[38]成功开辟了 OSPFEOS 的学术研究，后继众多学者纷纷致力于这个研究领域，产出了丰富的学术成果。本书根据研究所考虑对地观测卫星具备的成像能力，将所查 1996~2020 年参考文献（共 106 篇）分为三类：非敏捷成像观测任务规划研究（39 篇）、半敏捷成像观测任务规划研究（57 篇）及全敏捷成像观测任务规划研究（10 篇）。

部分学者重点关注小区域地面目标[40]，即在一次过境内卫星可以完全覆盖的地面目标；另一部分学者则更加关注大区域地面目标[2, 41, 42]，即在一次过境内卫星无法完全覆盖的地面目标。其中，面向大区域地面目标的卫星成像观测任务规划，通常首先将大区域地面目标分解为若干小区域地面目标；然后考虑分解后的小区域地面目标，进行成像观测任务规划。本书的成像观测任务规划研究中考虑的地面目标均是小区域地面目标。

考虑对地观测卫星广袤的视场角，部分学者重点研究了地面目标合成观测[24, 34, 35, 36]；另一部分学者则反其道行之，重点关注大区域地面目标，研究了此类地面目标分解方法与对地观测卫星任务规划的融合[42]。本书的成像观测任务规划研究中考虑的对地观测卫星均是窄视场角的对地观测卫星。

部分学者面向具体工程型号的对地观测卫星，详细分析其观测任务规划问题，称为单星成像观测任务规划问题（observation scheduling problem for single earth observation satellite，OSPFSEOS）[37, 43, 44]，此类研究通常精细到对地观测卫星执行层面，形成成像观测方案；另一部分学者则以一些星座、星群或者星簇为研究对象，探究多星成像观测任务规划问题（observation scheduling problem for multiple earth observation satellite，OSPFMEOS）[45]，重点关注同构/异构多星之间的协同观测问题。第 3~5 章的成像观测任务规划研究均以我国实际工程型号卫星为研究背景，隶属 OSPFSEOS 研究。

目前在问题建模方面也形成了丰硕且体系完整的研究成果。He[46]将 OSPFEOS 抽象为带有时间特性的流水车间调度问题。后续很多学者在其研究的基础上，构建连续时间模型[27, 37]或者离散时间模型[25, 47]来描述 OSPFEOS。此外，按照优化目标数量，对应的数学模型可以分为多目标优化模型[40, 48]和单目标优化模型[41]。本书的成像观测规划研究均考虑多个优化目标，将对应 OSPFEOS 构建为多目标优化模型。

此外，大量学者潜心于 OSPFEOS 的求解算法设计[21, 37, 39]，设计、实现了丰富多样的求解算法，包括精确求解算法[25]、启发式算法[26, 28]、元启发式算法及机器学习算法。OSPFEOS 是一类复杂的组合优化问题，无法在多项式时间内求得其最优解，因此，其精确求解算法的研究相对较少。更多学者则专注于启发式算法、元启发式算法或者机器学习算法，力图快速获取 OSPFEOS 的满意解或者近似最优解。因此，本书设计一类扩展性较强的元启发式算法——自适应多目标模因算法。

综上所述，丰富多样的研究成果逐步揭露着 OSPFEOS 的本质，同时提升了解决这个问题的能力。现有 OSPFEOS 的研究完整且成体系，涉及问题分析、建模方法及算法设计等多个方面，但是多数被研究的对地观测卫星只具备非敏捷成像或者半敏捷成像能力（文献查询显示此类研究占比高达 90%）。2000 年，Wolfe 和 Sorensen[28]第一次公开研究了 OSPFAEOS，遗憾的是他们没有正式提出全敏捷成像卫星的概念。此概念由 Lemaître 等[38]于 2002 年正式提出。全敏捷成像卫星具有更多的自由度（俯仰、滚动和偏航），而且在成像过程中能够调整姿态。由于可见时间窗口更长，卫星有更多成像机会观测地面目标。由于具有更加灵活的姿态机动能力，卫星具有更多的成像方式[49]来获取地面目标的遥感信息。正如 Lemaître 等[38]提到的 OSPFAEOS 是比 OSPFEOS 更为复杂的组合优化问题，OSPFAEOS 的求解更具有挑战性。

本书的研究对象（新一代光学成像卫星）具备全敏捷成像能力，后续将详细研究三类 OSPFAEOS（包括第 3 章的广义任务合成观测任务规划问题、第 4 章的非沿迹包络成像观测任务规划问题，以及第 5 章的变成像时长成像观测任务规划问题）。

1.3.3 卫星成像数据回放任务规划研究现状

卫星成像数据回放是对地观测卫星提供信息支援的另一个关键环节。SIDSP 主要优化卫星的回放时序和回放内容，是对地观测卫星任务规划问题的重要组成部分[9]。其中，回放时序是指对地观测卫星与地面站之间的传输开始、结束时间和持续时间，即传输窗口；回放内容是指观测地面目标所形成的成像数据。SIDSP 同样被理论证明是一个 NP-Hard 问题[50]。SIDSP 的现有研究可以分为三类：第一类将 SIDSP 转化为约束条件，专注优化 OSPFEOS[26, 38, 51]；第二类重点优化 SIDSP，将 OSPFEOS 降级考虑[50, 52]；第三类一体化考虑卫星成像观测和卫星成像数据回放，协同优化卫星成像观测执行方案和卫星成像数据回放执行方案[23, 53]。

早期在轨卫星数量较少、载荷成像分辨率较低，卫星所产生的成像数据较少，许多学者将 SIDSP 看作 OSPFEOS 的附属[27, 37, 43, 45, 54]。部分学者甚至直接忽略 SIDSP，假设卫星系统的存储空间是无限的[5, 20, 40-42, 55]，单独优化

OSPFEOS。另一部分学者将 SIDSP 直接转换为 OSPFEOS 的约束条件[22, 56-58]，重点优化卫星成像观测方案。这个研究思路在对地观测卫星发展初期是行得通的，但是随着卫星系统的发展[26, 59]（即卫星成像分辨率不断革新[60-62]、在轨卫星数量急剧增长[17, 63]），忽略或者不重视 SIDSP 显然不再明智。

因此，一些学者将研究重点偏向了 SIDSP[9, 57]。其中一部分学者假设卫星成像数据是事先给定的、静态的[9, 52, 57]，将 SIDSP 简化为卫星数据 DRPP[9]或者 SRSP[64, 65]；另一部分学者直接忽略卫星成像数据的产生，单独优化 SIDSP，即只优化回放时序，这类问题又称卫星测控调度（tracking telemetry and command resources scheduling，TT&CRS）问题[57, 66, 67]。随着卫星系统的发展，特别是卫星成像分辨率的提升[60-62]，SIDSP 的内涵发生了演变，问题的复杂度和求解难度也随之提升，该项研究内容将在第 6 章详细阐述。

事实上，一体化综合考虑卫星成像观测任务规划和卫星成像数据回放任务规划的研究较为稀少[56, 58, 68]，这类问题又称 ISPFEOS。现有研究多数关注问题求解算法的设计，轻视问题分析和数学建模，甚至 Bianchessi 和 Righini[53]的研究中没有提出正式的数学模型。随着对地观测技术的不断发展，强大的遥感信息获取能力与相对落后的数据接收能力之间的现实矛盾不断被激化，凸显了卫星一体化任务规划研究的重要性。卫星一体化任务规划不仅能够有效减少卫星无效观测，节约卫星系统的能源消耗，而且能够提升地面站使用效率，从而实现获取支援信息价值最大化，该项研究内容将在第 7 章详细阐述。

1.4　本书主要内容和安排

对地观测卫星在支援应急管理中发挥着越来越重要的作用，本书旨在充分挖掘新一代光学成像卫星的超强成像能力（即可视即观测能力）、解决遥感信息获取能力与相对落后的数据接收能力之间不断被激化的现实矛盾、实现成像观测与成像数据回放一体化调度，"更多""更快""更好""更省"地获取对应的遥感数据，提供及时、准确、丰富的支援信息，从而辅助应急管理部门做出更准确、更及时的指挥决策，本书的主要内容安排如下。

（1）面向对地观测卫星成像新能力的成像观测任务规划研究。本书首次分析并研究新一代对地观测卫星的超强成像能力，包括灵活姿态机动能力、主动成像能力等，分别研究广义任务合成观测任务规划问题（第 3 章）、非沿迹包络成像观测任务规划问题（第 4 章）及变成像时长成像观测任务规划问题（第 5 章）。第 3 章提出敏捷成像卫星的广义任务合成概念，并详细分析如何将广义任务合成应用于卫星成像观测，提升卫星的支援信息获取能力。第 4 章提出非沿迹包络划分集（envelope partition set），以解决敏捷成像卫星的无穷多种观测方式的问题，并研究非沿迹包络划分集的应用效能。第 5 章定义累计成像质量（cumulative image quality）计算方法，研究卫星成像时长变化对卫星获取支援信息的影响。

（2）遥感信息获取能力和数据接收能力不匹配下的卫星成像数据回放任务规划研究。面向遥感信息获取能力与相对落后的数据接收能力之间不断被激化的现实矛盾，为了解决丰富支援信息的快速、高效传输问题，本书研究 D-SIDSP（第 6 章）和 ISPFEOS（第 7 章）。第 6 章重点研究成像数据可分割性（segment）和回放时序可调整性（rearrange）对 SIDSP 的影响，深入剖析该问题的动态双阶段特性，并证明它是一类 NP-Hard 问题。第 7 章系统、完整地描述 ISPFEOS，既优化卫星成像观测过程又考虑卫星成像数据回放过程。此外，第 7 章完整地提出并研究三种卫星一体化任务规划模式，包括分离式调度模式（separated scheduling framework，SSF）、妥协式调度模式（compromised scheduling framework，CSF）和协同式调度模式（coordinated integrated scheduling framework，CISF）。

（3）高扩展性的自适应多目标模因算法。单目标优化已经不能满足多元化的用户需求，本书研究的所有关键问题都是多目的的管理问题。例如，第 3 章的广义任务合成观测任务规划研究，在保证卫星获取更多、更高收益的支援信息的同时，还需要优化卫星系统的能源消耗；第 6 章的卫星成像数据动态回放任务规划研究，既需要实现回放更多、更高收益的卫星成像数据，又需要均衡所有卫星被服务的程度，保证充分且均衡地使用稀缺地面站资源。因此，基于模因算法架构，本书设计一类自适应多目标模因算法（ALNS + NSGA-Ⅱ），以 ALNS 为后代解产生算法，以 NSGA-Ⅱ为算法进化机制，实现快速到达帕累托前沿。为适应各章的具体研究问题，我们调整、丰富、更新、扩展 ALNS + NSGA-Ⅱ的算法部件、流程、构成等。丰富的仿真实验分析证明该算法的高效性和出色的适应性。

（4）卫星任务规划问题测试算例生成方法。良好的测试算例是仿真实验分析的有力支撑，但是，目前对地观测卫星任务规划领域还没有公认的标准测试集。许多研究基于实际工程使用的场景数据，抽象设计仿真场景，进行仿真实验分析。不失一般性，本书借鉴此仿真测试场景构造思想，系统梳理对地观测卫星任务规划研究的测试算例构成元素，提出一套对地观测卫星任务规划研究的测试算例生成方法，并基于各章的具体研究问题生成丰富的仿真测试场景。

本书将以新一代光学成像卫星参与应急管理为研究契机，由此展开新型能力下的卫星任务规划问题研究，努力挖掘卫星获取遥感信息的潜能，最大化发挥新一代光学成像卫星的应用效能，保证对地观测卫星为应急管理提供更丰富、更准确的信息支援，并力图一定程度上填补新一代光学成像卫星任务规划调度问题的研究空白。

第 1 章为绪论。首先分析本书的研究背景和研究意义，呈现光学成像卫星的成像原理，简述研究背景型号卫星特点，综述对地观测系统建设情况，凝练本书的关键科学问题和创新点，并构建本书的行文结构。

第 2 章在综述对地观测卫星任务规划问题研究现状的基础上，给出光学成像卫星任务规划问题的数学化描述，系统梳理问题的构成元素和约束条件集。结合 ALNS 和 NSGA-Ⅱ设计一类自适应多目标模因算法（ALNS＋NSGA-Ⅱ），支撑本书所有任务规划问题的求解。构建一套完整标准测试算例生成方法，支撑本书模型、算法的实验验证。

第 3 章主要研究广义任务合成观测任务规划问题。该章提出广义任务合成的概念，并建立任务合成的能源消耗计算方法。在问题详细分析的基础上，将此问题建立为双目标优化模型，同时优化成像观测收益和能源消耗。大量的仿真实验从不同测度分析 ALNS＋NSGA-Ⅱ的有效性，并揭示广义任务合成能够显著提升敏捷卫星成像观测效能。

面向非沿迹包络成像观测任务规划问题，第 4 章为了解决非沿迹成像条带方向（direction of observation strips，DOS）无限的问题，基于沿迹动态成像条带划分方法和非沿迹静态成像条带划分方法这两种成像条带划分方法，提出非沿迹包络划分集的概念。依托丰富的仿真实验，深入论证非沿迹包络划分集的有效性，证明非沿迹包络划分集将有效平衡面向多条带的全敏捷成像卫星成像观测任务规划问题（multi-strip observation scheduling problem for agile earth observation satellite，MOSPFAEOS）的求解时间和求解质量。

第 5 章研究变成像时长成像观测任务规划问题，首先深入分析成像时长变化对卫星观测地面目标收益的影响，在了解问题本质的基础上，面向全敏捷成像卫星，定义一类全新的卫星成像质量计算方式和完整的能源消耗计算方法，建立双目标优化模型，并结合此问题的特点，调整、更新自适应多目标模因算法（ALNS＋NSGA-Ⅱ），详细分析算法的有效性、收敛性及相关算法机制的稳定性。

第 6 章深入剖析 D-SIDSP 的实质，包含三个决策问题：①成像数据是否被回放；②如何分割每个成像数据；③分割后的成像数据如何回放。三个决策问题相互影响、相互依赖。在分析成像数据分割有效性的基础上，该章建立卫星成像数据动态回放任务规划模型，基于大量仿真实验，分析成像数据分割对求解 SIDSP 的影响。

第 7 章充分借鉴仅有的 ISPFEOS 研究文献，提出三种卫星一体化任务规划模式：分离式调度模式、妥协式调度模式及协同式调度模式，以获取遥感信息收益最大化和能源消耗最小化为优化目标，分别建立三种一体化优化模型。基于大量的仿真实验，该章从不同测度分析三种卫星一体化调度模式，揭示它们的实用性和有效性。

第 3~7 章为本书的核心章。其中，第 3~5 章面向对地观测卫星的新型对地观测能力，分别研究对应新能力下的卫星成像观测任务规划技术，充分挖掘其获取遥感信息的能力，力图实现新一代对地观测卫星的可视即观测能力。第 6 章针对强大的遥感信息获取能力与相对落后的数据接收能力之间的矛盾不断被激化的现实，研究新一代对地观测卫星成像数据回放任务规划技术，面向"数量稀少、国内分布"的地面站的现实情况，尽可能回放更多、更高价值的卫星成像数据。此外，集成第 3~5 章的卫星成像观测任务规划研究和第 6 章的卫星成像数据回放任务规划研究，第 7 章探究卫星一体化任务规划技术，力图提高对地观测卫星获取遥感信息的有效性（即有效观测），提升获取支援信息的时效性和真实收益。

第2章 卫星任务规划问题描述和算法与测试集设计

2.1 问题数学化总体描述

光学成像卫星任务规划问题是一类典型的高度组合优化问题，良好的问题描述和约束条件表达是问题建模、求解的重要前提。本书基于约束传播理论，抽象、构建光学成像卫星任务规划问题的构成元素和约束条件集合。光学成像卫星任务规划问题（P）可以描述为

$$P = \{\text{St,Et}, \mathcal{S}, \mathcal{G}, \text{TW,GT,OD,OT,DT,Con}\} \qquad (2\text{-}1)$$

2.1.1 构成元素

光学成像卫星任务规划问题的构成元素包括调度时间、参与的光学成像卫星、地面站、需要被观测的地面目标，以及生成的卫星成像数据、观测任务和回放任务。

（1）$[\text{St, Et}]$ 为 P 有效调度时间范围。

（2）$\mathcal{S} = \{\varsigma, |\mathcal{S}| = n_\varsigma\}$ 为 P 考虑的所有光学成像卫星。考虑光学成像卫星任务规划问题的特点，任意光学成像卫星 ς 可以表示为

$$\varsigma = \{\text{Id}, a, i, e, \Omega, \omega, M_0, \Theta, \pi, \gamma, \psi, d_0\} \qquad (2\text{-}2)$$

其中，Id 为 ς 的唯一身份标志；$\{a, i, e, \Omega, \omega, M_0\}$ 为 ς 的轨道六根数，用于描绘卫星的轨道位置；Θ 为 ς 的最大储存空间，单位为秒；π、γ 和 ψ 分别为 ς 的最大俯仰角、最大滚动角和最大偏航角，这三个姿态角取值限制了卫星与地面目标的可见性；d_0 为卫星每次观测任务的最短成像时长或者每个回放任务的最短工作时长。

（3）$\mathcal{G} = \{g, |\mathcal{G}| = n_g\}$ 为 P 的所有可用的地面站。任意地面站 g 可以表示为

$$g = \{\text{Id,lat,lon,alt}, \Gamma_\uparrow, \Gamma_\downarrow\} \qquad (2\text{-}3)$$

其中，Id 为 g 的唯一身份标志；$\{\text{lat,lon,alt}\}$ 分别为 g 的地理纬度、经度、高度，用于描绘地面站的地理位置；$\{\Gamma_\uparrow, \Gamma_\downarrow\}$ 分别为 g 装备数据接收天线的最大、最小仰角，这两个角度限制了地面站接收卫星成像数据的服务能力。

（4）$TW = \{tw, |TW| = n_{tw}\}$ 为 P 有效调度时间范围内，光学成像卫星与地面站之间的所有传输窗口（transmission window）。任意传输窗口 tw 可以表示为

$$tw = \{g, vtw\} \tag{2-4}$$

其中，g 为 tw 隶属的地面站；vtw 为 tw 的可见时间窗口（visible time window，VTW），且定义为

$$vtw = \{Id, \varsigma, s, e, b_0\} \tag{2-5}$$

其中，$\{Id, \varsigma\}$ 确认了 vtw 的身份，Id 为 vtw 的编号，ς 为 vtw 隶属的光学成像卫星；$\{s, e\}$ 分别为 vtw 的开始时间和结束时间；b_0 为 vtw 的最佳观测时刻点。

（5）$GT = \{gt, |GT| = n_{gt}\}$ 为 P 有效调度时间范围内，待规划的地面目标全集。任意地面目标 gt 可以表示为

$$gt = \{Id, lat, lon, alt, \omega, d, vtw\} \tag{2-6}$$

其中，Id 为 gt 的唯一身份标志；$\{lat, lon, alt\}$ 为 gt 的地理位置，分别对应经度、纬度和高度；ω 为 gt 的优先级；d 为 gt 需要满足的最短成像时长，对应用户（相关应急管理部门）可以根据自身需求设置的成像时长；vtw 为 gt 的可见时间窗口，如式（2-5）所示。

（6）$OT = \{ot, |OT| = n_{ot}\}$ 为 P 有效调度时间范围内，形成的所有观测任务。任意观测任务 ot 可以表示为

$$ot = \{Id, gt, b, e, \pi_o, \gamma_o, \psi_o, \pi_\infty, \gamma_\infty, \psi_\infty\} \tag{2-7}$$

其中，Id 为 ot 的唯一身份标志；gt 为 ot 对应的地面目标；b 和 e 分别为 ot 的观测开始时间和观测结束时间，且观测窗口属于其对应地面目标成像可见时间窗口，即 $[b, e] \in [gt.vtw.s, gt.vtw.e]$；$\{\pi_o, \gamma_o, \psi_o, \pi_\infty, \gamma_\infty, \psi_\infty\}$ 分别为 ot 的开始俯仰角、开始滚动角、开始偏航角、结束俯仰角、结束滚动角及结束偏航角。

（7）$OD = \{od, |OD| = n_{od}\}$ 为 P 有效调度时间范围内，卫星观测任务形成的卫星原始/分割成像数据（original/segmented image data）。任意卫星原始/分割成像数据 od 可以表示为

$$od = \{Id, sId, \varsigma, \omega, d, r, o\} \tag{2-8}$$

其中，Id 为 od 的原始成像数据编号；当 od 为分割成像数据时，sId 为有效参数，表示对应的分割成像数据编号，否则，sId 为无效参数；ς 为 od 隶属的卫星；ω 和 d 分别为 od 的优先级和数据量（即回放时长）；r 和 o 分别为 od 的释放时间（即对应观测任务完成时间）和有效期。此外，成像数据的有效期 o 与其优先级 ω 有关[57]，定义为

$$od.o = \begin{cases} 24, & od.\omega \in [1,3] \\ 12, & od.\omega \in [4,6] \\ 6, & od.\omega \in [7,9] \\ 3, & od.\omega = 10 \end{cases} \qquad (2-9)$$

成像数据有效期 o 以小时为单位。此外，时间区间 $[od.r, od.r+od.o]$ 为 od 的有效时间范围，即 od.r+od.o 之后，od 即刻失效。

（8）$DT = \{dt, |DT| = n_{dt}\}$ 为 P 有效调度时间范围内，规划形成的所有回放任务。任意回放任务 dt 可以表示为

$$dt = \{Id, b, e, d, tw, \varsigma, dSet\} \qquad (2-10)$$

其中，Id 为 dt 的唯一身份标志；b 和 e 分别为 dt 的回放开始时间和回放结束时间；d 为 dt 的回放持续时长，且满足约束 $d = \sum_{ot \in dSet} ot.d$；tw 为执行 dt 对应的传输窗口，如式（2-4）所示；ς 为 dt 隶属的卫星；dSet 为 dt 所回放的成像数据集合，它包含的每个元素如式（2-8）所示。dSet 中的所有成像数据对应的卫星必须与 dt 隶属的卫星一致，即 $\varsigma = od.\varsigma \quad \forall od \in dSet$。

2.1.2 约束条件

基于对卫星任务规划多年的研究总结，本书将光学成像卫星任务规划问题的约束条件归纳为时间类约束条件和执行类约束条件。其中，时间类约束条件分为可见时间约束（visible time constraint）、逻辑时间约束（logical time constraint）、姿态机动时间约束（attitude conversion time constraint）及天线校对时间约束（antenna set-up time constraint）。储存空间约束（storage volume constraint）是本书考虑的一类执行类约束条件。

1. 可见时间约束

可见时间约束用于约束对应活动的执行时间窗口。可见时间约束分为观测窗口约束和回放时间窗口约束。

（1）对于任意一个观测任务 ot，可见时间约束可以定义为

$$\begin{cases} ot.b \geqslant ot.gt.vtw.s \\ ot.e \leqslant ot.gt.vtw.e \end{cases} \qquad (2-11)$$

（2）对于任意一个回放任务 dt，可见时间约束可以定义为

$$\begin{cases} dt.b \geqslant dt.tw.vtw.s \\ dt.e \leqslant dt.tw.vtw.e \end{cases} \qquad (2-12)$$

2. 逻辑时间约束

逻辑时间约束是一个不可违抗的硬约束，表示成像数据必须先产生后被回放。即任意成像数据的被回放时间必须晚于其对应观测任务的观测结束时间，且大于其过期时间。以回放任务 dt 为例，令 od 表示被 dt 的任意一个成像数据对应的观测任务，此约束可以表示为

$$\begin{cases} \text{dt.}\varsigma = \text{ot.gt.vtw.}\varsigma \\ \text{ot.e} \leqslant \text{dt.b} \\ \text{ot.e} + \text{ot.gt.o} > \text{dt.b} \end{cases} \tag{2-13}$$

3. 姿态机动时间约束

姿态机动时间是指卫星观测多个地面目标（观测任务）时切换其卫星姿态的耗时。以任意相邻且隶属同一个卫星的观测任务为例（ ot_i 和 ot_{i+1} ），且 ot_i 早于 ot_{i+1} ，此约束条件可以表示为

$$\text{ot}_{i+1}.\text{b} - \text{ot}_i.\text{e} \geqslant \text{trans}\left(\Delta g_{\text{ot}_i \to \text{ot}_{i+1}}\right) \tag{2-14}$$

其中， $\text{trans}\left(\Delta g_{\text{ot}_i \to \text{ot}_{i+1}}\right)$ 为卫星从观测 ot_i 的卫星姿态调整到观测 ot_{i+1} 的卫星姿态对应的姿态机动时间，计算公式为

$$\text{trans}(\Delta g) = \begin{cases} \dfrac{35}{3}, & \Delta g \leqslant 10 \\[2mm] 5 + \dfrac{\Delta g}{v_1}, & 10 < \Delta g \leqslant 30 \\[2mm] 10 + \dfrac{\Delta g}{v_2}, & 30 < \Delta g \leqslant 60 \\[2mm] 16 + \dfrac{\Delta g}{v_3}, & 60 < \Delta g \leqslant 90 \\[2mm] 22 + \dfrac{\Delta g}{v_4}, & \Delta g > 90 \end{cases} \tag{2-15}$$

其中， $\text{trans}(\Delta g)$ 为姿态机动 Δg 的耗时，单位为秒。 $v_1 = 1.5(°)/\text{s}$ 、 $v_2 = 2(°)/\text{s}$ 、 $v_3 = 2.5(°)/\text{s}$ 及 $v_4 = 3(°)/\text{s}$ 对应四类姿态角机动速度。 Δg 为姿态角变化量，定义如下：

$$\Delta g = \Delta \pi + \Delta \gamma + \Delta \psi \tag{2-16}$$

其中， $\Delta \pi$ 、 $\Delta \gamma$ 和 $\Delta \psi$ 分别为俯仰角、滚动角和偏航角的变化量。

4. 天线校对时间约束

每次接收卫星成像数据之前，地面站都需要校对其天线，保证地面站天线与

卫星天线对准，此过程的耗时定义为天线校对时间 $\sigma^g_{\varsigma_i \to \varsigma_j}$，且其间没有任何数据被回放。$\sigma^g_{\varsigma_i \to \varsigma_j}$ 由天线转动角度和转动速率决定：

$$\sigma^g_{\varsigma_i \to \varsigma_j} = \frac{\left| \text{Angle}_{\varsigma_i} - \text{Angle}_{\varsigma_j} \right|}{\text{rev}_g}, \quad \varsigma_i, \varsigma_j \in \mathcal{S}, g \in \mathcal{G} \qquad (2\text{-}17)$$

其中，$\text{Angle}_{\varsigma_i}$ 和 $\text{Angle}_{\varsigma_j}$ 分别为地面站 g 接收卫星 ς_i 和 ς_j 的成像数据的天线转动角度。

一些早期的研究[52, 64, 65]直接将 $\sigma^g_{\varsigma_i \to \varsigma_j}$ 视为常量。有学者分析了 $\sigma^g_{\varsigma_i \to \varsigma_j}$ 取值对地面站不同工作时长的影响，发现当地面站工作时长大于 10min 时，$\sigma^g_{\varsigma_i \to \varsigma_j}$ 可以被忽略。因此，本书假设 $\sigma^g_{\varsigma_i \to \varsigma_j}$ 为常量 σ，且令 $\sigma = 60\text{s}$。

以同一个地面站的任意两个回放任务（dt_i 和 dt_{i+1}）为例，且 dt_i 早于 dt_{i+1}。此约束条件可以表示为

$$\text{dt}_{i+1}.\text{b} - \text{dt}_i.\text{e} \geqslant \sigma \qquad (2\text{-}18)$$

此外，dt_i 和 dt_{i+1} 必须隶属于同一个地面站且隶属于不同的卫星，即 $\text{dt}_i.\text{tw}.\text{g} = \text{dt}_{i+1}.\text{tw}.\text{g}$ 且 $\text{dt}_i.\text{tw}.\varsigma \neq \text{dt}_{i+1}.\text{tw}.\varsigma$。

5. 储存空间约束

卫星的已使用储存空间随着卫星成像观测的进行而不断增加，剩余可用储存空间不断减少。相反地，卫星的已使用储存空间伴随成像数据回放的执行而不断减少，剩余可用储存空间不断增加。因此，卫星储存空间具有时间依赖特性（time-dependent）。以任意时刻 $t \in [\text{St}, \text{Et}]$ 为例，令 $\text{otSet}^{\varsigma}_t$ 表示 t 时刻卫星 ς 上存在且未被回放的成像数据全体，此约束条件可以表示为

$$\sum_{\text{ot} \in \text{otSet}^{\varsigma}_t} \text{ot.gt.d} \leqslant \varsigma.\Theta, \quad \varsigma \in \mathcal{S} \qquad (2\text{-}19)$$

2.2 自适应模因算法设计

模因算法通常由一个进化架构和一系列局部搜索算法构成，这些算法将在其生存周期内被激活。模因算法的基本概念是 1976 年由理查德·道金斯（Richard Dawkins）在其博士学位论文中提出的。此后，经过 40 多年的发展，模因算法策略被应用于求解众多优化问题，如旅行商问题、图的二划分问题、患者运输问题、仓库堆积问题、航站楼分配问题、并行机调度问题、供应链问题，以及 SIDSP。

结合光学成像卫星任务规划问题的特点，本书设计一类自适应多目标模因算

法（ALNS + NSGA-Ⅱ）作为主要求解算法。ALNS + NSGA-Ⅱ基于模因算法架构，结合 ALNS 和 NSGA-Ⅱ，其基本的算法流程如图 2-1 所示。

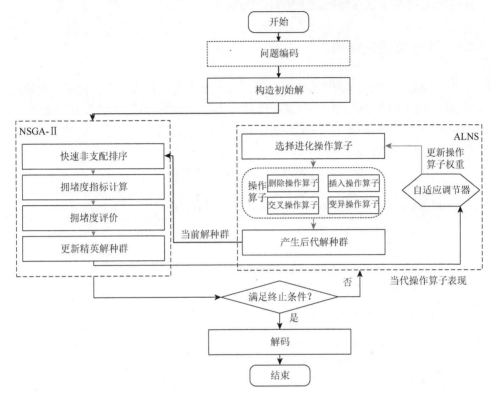

图 2-1　ALNS + NSGA-Ⅱ的基本算法流程

ALNS 已被诸多研究[37, 45]应用于求解 OSPFEOS，且丰富的仿真实验证明 ALNS 总是可以搜索到质量较高的解，因此，本书采用 ALNS 作为 ALNS + NSGA-Ⅱ的局部搜索算法，用于产生后代解种群。ALNS 具有双层结构。内层是局部搜索操作算子，可以根据求解问题的特点进行重新设计。外层是一个自适应机制，根据每个操作算子的搜索解的质量评估操作算子的运行效果，更新其对应的被选中概率，从而控制内层众多操作算子的运行。

此外，NSGA-Ⅱ被用作 ALNS + NSGA-Ⅱ的算法进化机制，保证更快地获得帕累托前沿。Deb 等[69]于 2002 年升级了 NSGA，提出 NSGA-Ⅱ。NSGA-Ⅱ被证实是最好的多目标优化算法之一。它由快速非支配排序方法（fast non-dominated sorting approach）、快速拥堵度评估算法（fast-crowded distance estimation algorithm）及拥堵度比较算子（simple crowded comparison operator）构成，可以快速、稳定地获取多目标优化问题的帕累托前沿。

另外，ALNS+NSGA-Ⅱ采用基于 ε-约束的箱型法（box-method）这种广为人知的解决多目标离散优化问题的方法指导算法进化，保证搜索优化过程总是在非支配空间，有利于快速地收敛于帕累托前沿。

2.2.1　初始解构造算法

由于 ALNS[70]对初始解的敏感度低，且启发式贪心算法总可以稳定、快速地搜索到不错的可行解，甚至近似最优解，本书设计一类随机启发式贪心算法（random greedy heuristic algorithm，RGHA）用于构造问题优化的初始解，RGHA的伪代码如算例 2-1 所示。

算例 2-1　RGHA 的伪代码

Input: 待规划地面目标集合（GT）、目标选择概率（RS）、最佳成像时刻选择概率（BMR）及解种群规模（NS）
Output: 初始解集合（Ss），其元素为观测任务（OT）和回放任务（DT）

1:　While Sizeof（Ss）≤ NS
2:　生成 $S = \varnothing$ //初始化一个解
3:　------------------地面目标选择------------------
4:　基于 RS 随机产生 IGT ← GT //随机选择当前解的待规划地面目标
5:　基于优先级降序排列 IGT //贪心规则下的地面目标规划排序
6:　------------------观测任务规划------------------
7:　Repeat//遍历待规划地面目标集合
8:　　gt ← IGT
9:　　ot ← gt //基于地面目标生成观测任务
10:　If $\tau >$ BMR　then//成像质量优先的贪心规则
11:　　ot.b ← gt.vtw.b_0 － $\dfrac{\text{gt.d}}{2}$
12:　Else
13:　　ot.b ← rand（[gt.vtw.s, gt.vtw.e]）
14:　End if
15:　If 约束条件集合 then//约束传播
16:　Add ot into OT //更新观测任务序列
17:　Else
18:　跳过 gt //直接放弃当前地面目标
19:　End if
20:　Until IGT 被完全遍历
21:　OT → S //确定观测任务集合
22:　------------------回放任务规划------------------
23:　基于观测开始时间，对 OT 排序//先记录先回放（first observed, first downlink, FOFD）
24:　Repeat
25:　ot ← OT
26:　Try//生成回放任务
27:　tw ← TW //选择传输窗口
28:　基于 tw 产生 dt //满足对应约束条件
29:　If 约束条件集合 then//约束传播
30:　Add dt into DT //更新回放任务序列
31:　Else

```
32:     跳过 tw //跳过传输窗口
33:     End if
34:     End
35:     Until OT 遍历完全
36:      DT → S //确定回放任务集合
37:     Add  S  into  Ss //添加新解
38:     End while
39:     Return  Ss
```

RGHA 由地面目标选择、观测任务规划及回放任务规划三部分组成。由于需要被观测的地面目标总是大于对地观测卫星的观测能力[47]，在每次任务规划之前，随机选择部分地面目标（IGT）进行后续任务规划，保证贪心规则下的任务规划种群丰富度。由于 RGHA 必须快速构造出丰富的初始可行解，观测任务规划阶段不考虑观测时间的滑动[37]，当无法满足所有约束条件时，直接放弃当前地面目标。回放任务规划阶段主要用于确定被规划地面目标（即生成的观测任务）的回放任务。

2.2.2　进化操作算子设计

自适应多目标模因算法（ALNS + NSGA-Ⅱ）设计两大类进化操作算子，用于搜索新的后代解，本节根据问题特性差异设计、适配不同的操作算子。第一类是面向单体解的进化操作算子，通过改变单体解的结构，生成新的后代解，分别设计插入操作算子、删除操作算子、交叉操作算子及变异操作算子；第二类则采用大邻域搜索思想，对已有解的元素进行不同程度的破坏，然后采用 RGHA 对破坏解进行修复，进而产生新的后代解，包括破坏操作算子和修复操作算子。

1. 插入操作算子

基于单株父代解，采用轮盘赌机制，随机选择未规划元素（未规划地面目标或者未回放成像数据），在不改变父代解中已规划元素的前提下，采用尝试插入的方式，尽可能多地插入新的元素，从而产生新的后代解。插入操作示意图如图 2-2 所示。

2. 删除操作算子

与插入操作算子相反，删除操作算子通过删除父代解中的部分已规划元素，保证其他已规划元素不改变，进而改变父代解的元素构成，从而产生新的后代解。删除操作示意图如图 2-3 所示。

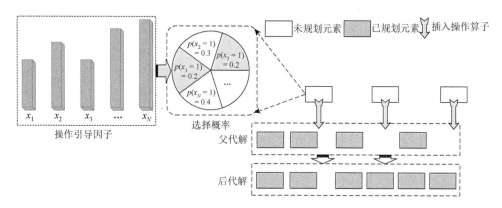

图 2-2　插入操作示意图

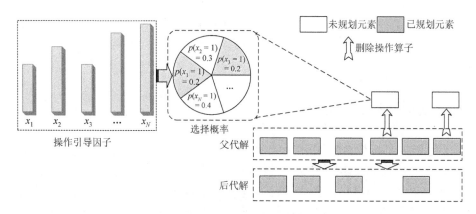

图 2-3　删除操作示意图

3. 交叉操作算子

基于 1 个或者 2 个父代解，交换部分已规划元素，从而产生新的后代解。面向 1 个父代解的交叉操作算子称为自交叉操作算子，随机选取 2 块连续的已规划元素，然后交换它们的决策变量赋值。面向 2 个父代解的交叉操作算子称为异交叉操作算子，分别随机从 2 个父代解中选取 1 块已规划元素，然后交换它们的决策变量赋值。交叉操作示意图如图 2-4 所示。

4. 变异操作算子

卫星任务规划的解为观测任务（OT）和对应的回放任务（DT）。观测任务对应的地面目标决策、观测开始时间及成像时长都是可变的，对应的回放任务的回放开始时间和所在传输窗口同样可变。因此，变异操作算子可分为决策变异操作算子和时间变异操作算子。其中，决策变异操作算子随机改变对应 0-1 变量的取值；时间变异操作算子则随机改变时间连续变量的取值。变异操作示意图如图 2-5 所示。

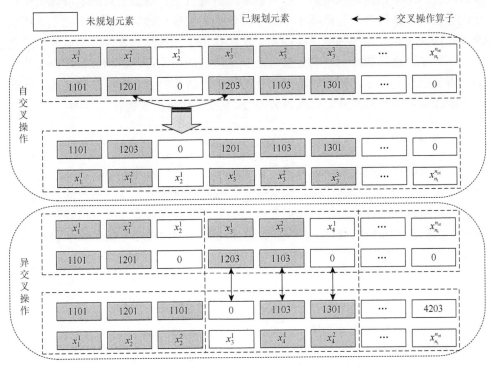

图 2-4　交叉操作示意图

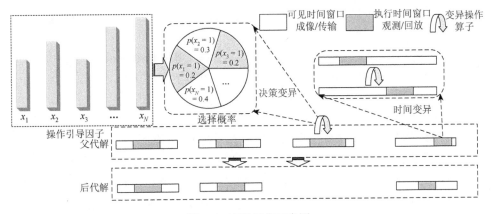

图 2-5　变异操作示意图

5. 破坏操作算子

破坏操作算子用于改变已规划元素序列和已规划元素的元素构成，实现对父

代解的破坏。所有被破坏的已规划元素存储在空间大小给定（$|B|$）的禁忌池（taboo bank，B）中。每次迭代搜索之前，禁忌池将被置空，填满禁忌池是破坏操作算子运行的终止条件之一。破坏操作算子可分为元素序列破坏操作算子和元素构成破坏操作算子。元素序列破坏操作算子直接作用于已规划元素，其功能等价于删除操作算子，通过删除已规划元素，改变父代解的结构；元素构成破坏操作算子通过调整已规划元素的内部结构（如观测任务的成像时长和观测开始时间、回放任务的成像数据与回放开始时间等），从而改变父代解的结构。

6. 修复操作算子

修复操作算子的功能与破坏操作算子相斥，通常与破坏操作算子成对使用。修复操作算子基于已知父代解，选取搜索邻域内的可修复元素，通过插入未规划元素、调整已规划元素内部结构等方式，产生新的后代解或者提升已知父代解的收益。依据搜索邻域的区别，修复操作算子可分为内邻域修复操作算子和外邻域修复操作算子，如图 2-6 所示。

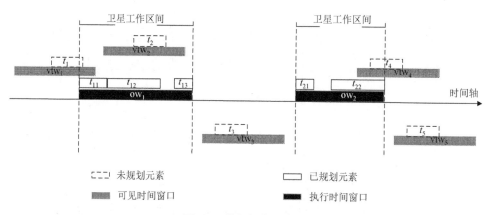

图 2-6　修复操作示意图

内邻域修复操作算子作用于邻域的元素，其可见时间窗口（成像/传输）与已规划元素的执行时间窗口（观测/回放）存在交集，图 2-6 中的 t_1、t_2 和 t_4 均属于内邻域的元素。外邻域修复操作算子作用于邻域的元素，其可见时间窗口与已规划元素的执行时间窗口的交集为空，图 2-6 中的 t_3 和 t_5 均属于外邻域的元素。

2.2.3　自适应调节器和算法终止条件

每个操作算子都具有实时得分和权重，实时得分与操作算子当前寻优表现相关，权重则根据实时得分和历史权重进行计算更新。根据寻优结果，本书分别定义四类得分，如表 2-1 所示。

表 2-1　四类得分

得分	解释
σ_1	新解支配所有已有解
σ_2	新解支配当前帕累托前沿上的一个解
σ_3	新解是非支配解，处在当前帕累托前沿上
σ_4	新解被当前帕累托前沿上的所有解支配

在每次迭代结束后，每个操作算子的权重将被更新，更新函数定义如下：

$$\omega_i^\alpha = (1-\lambda)\omega_i^\alpha + \lambda\frac{\pi_i^\alpha}{\sum_{i=1}^{|I_\alpha|}\pi_i^\alpha} \tag{2-20}$$

其中，α 为操作算子的类型；$|I_\alpha|$ 为对应操作算子的个数；π_i^α 和 ω_i^α 分别为第 i 次迭代操作算子（α）的实时得分和权重；$\lambda \in [0,1]$ 为控制权重更新对实时得分敏感度的参数，当 $\lambda = 0$ 时，所有操作算子的权重将不会变化，与其实时得分无关，当 $\lambda = 1$ 时，所有操作算子的权重的更新完全依赖于其实时得分。

每次迭代采用轮盘赌机制控制不同操作算子的运行。使用概率（utilized rate，r_i^α）的计算方法如下：

$$r_i^\alpha = \frac{\omega_i^\alpha}{\sum_{i=1}^{|I_\alpha|}\omega_i^\alpha} \tag{2-21}$$

此外，最大迭代次数记为 MaxIter，它是 ALNS + NSGA-II 运行的唯一结束条件。MaxIter 的值在每次算法进化之前设定。

2.3　仿真测试场景构建

良好的测试算例是实验验证分析的重要前提。卫星任务规划领域目前还没有公认的标准测试集，一些研究[9, 37, 55]中使用的仿真测试场景均源于工程实践中使用的实际场景数据。不失一般性，本书充分借鉴此类仿真测试场景构造思想，设计、生成面向智慧应急管理的成像卫星任务规划问题测试场景，从可用地面站、对地观测卫星及地面目标集合三个方面描述测试场景的生成方法。后续研究可以根据需要调整、替换可用地面站、对地观测卫星及地面目标。

2.3.1　可用地面站

不同于美国的全球布站，我国的地面站多数分布在我国境内。据公开可查数据，我国现有三个国内固定地面站[29]（包括密云站、喀什站和三亚站，称为一般地面站（normal ground station））和一个境外固定地面站[30]（北极站，称为极地地面站（polar ground station））。

2.3.2　对地观测卫星

本书还考虑多颗低轨光学对地观测卫星，包括 3 颗高分系列卫星、4 颗高景系列卫星、2 颗资源系列卫星及 1 颗高分多模卫星。10 颗卫星的具体参数如表 2-2 所示。基于卫星可见时间窗口计算模型能够精确获得所有卫星与可用地面站之间的可用传输窗口。

表 2-2　10 颗卫星的具体参数

卫星名称	Id	α /km	i /(°)	e	Ω /(°)	ω /(°)	M_0 /(°)	γ /(°)	π /(°)	ψ /(°)	d_0 /s
GF0101	1	7145.08	0.001	359.06	98.55	152.17	265.39	25	—	—	30
GF0201	2	7011.57	0.002	2.89	97.83	98.15	257.45	25	—	—	30
GF0601	3	7020.45	0.002	6.87	97.99	56.94	94.33	25	—	—	30
SV01	4	6901.65	0.002	1.01	97.43	124.24	242.68	25	45	—	10
SV02	5	6894.39	0.001	11.87	97.54	128.22	90.39	25	45	—	10
SV03	6	6883.14	0.000	5.98	97.51	341.26	106.70	25	45	—	10
SV04	7	6884.95	0.004	6.14	97.51	92.52	195.65	25	45	—	10
ZY02C	8	7143.90	0.002	341.91	98.64	57.55	186.17	25	—	—	60
ZY3	9	6875.80	0.001	0.79	97.41	59.20	71.87	25	—	—	60
GFDM-1	10	7015.90	0.001	359.06	97.96	152.17	265.39	45	60	90	5

2.3.3　地面目标集合

结合工程实际，本书设计两类仿真测试算例，即中国区域分布（Chinese area distribution，CD）和全球区域分布（worldwide distribution，WD）。其中，CD 包含 10 个仿真场景，每个仿真场景的地面目标数量为 50～500 个，以 50 个为步长，地面目标的中心点均匀分布在中国领土范围；WD 同样包含 10 个仿真场景，每个仿真场景的地面目标数量为 100～1000 个，以 100 个为步长，地面目

标的中心点均匀分布在全球。每个地面目标包含的顶点个数服从[3，6]的均匀分
布，其几何图像必须是凸多边形且面积为 40～2500km^2。此外，每个地面目标的
优先级服从[1，10]的均匀分布，每个地面目标对应的成像数据有效期由式（2-9）
计算。

2.4　本章小结

　　本章构建了光学成像卫星任务规划问题的数学化描述模型，定义了光学成像
卫星任务规划问题的组成元素和约束条件集合；基于模因算法框架，结合 ALNS
和 NSGA-Ⅱ，设计了具有较强扩展性的自适应模因算法；提出了一套面向智慧应
急管理的成像卫星任务规划问题测试场景生成方法，为本书研究成果提供实验验
证样本。

第3章　广义任务合成观测任务规划问题研究

应急管理信息支援的高时效性要求对地观测卫星必须更快、更好地观测更多地面目标，以提供实时/近实时的支援信息，支撑相关指挥人员做出更准确、更及时的决策。本章将考虑敏捷成像卫星的特点，提出一类新型任务合成概念——广义任务合成，建立广义任务合成下对地观测卫星观测过程中的能源消耗计算方法，构建双目标优化模型描述广义任务合成观测任务规划问题，并更新、调整自适应模因算法，利用丰富的仿真实验分析验证算法的性能。

（半/全）敏捷成像卫星具有更灵活的姿态机动能力、范围更广的可视范围，导致卫星与地面目标的可见时间窗口远长于对应的观测窗口（observation window，OW），如图 3-1 所示。因此，（半/全）敏捷成像卫星能够提前或者延后（相对过顶时刻）一段时间观测地面目标，称为前瞻观测或者后瞻观测。

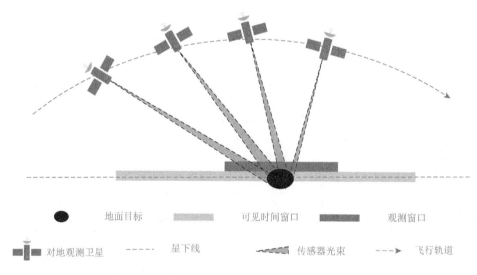

图 3-1　敏捷成像卫星的可见时间窗口和观测窗口

传统 OSPFAEOS 已经被证明是一类 NP-Hard 的组合优化问题[38]。由于 OSPFAEOS 具有复杂性，现有研究大多假设每次成像只能观测一个地面目标，没有考虑任务合成[34]。任务合成可以非常有效地提升 OSPFEOS 的求解效果[24, 34]，但是相关研究仅限于非敏捷成像。Long 等[35, 36]虽然提出了（半/全）敏捷成像卫星的任务合成，但是由于敏捷成像卫星的视场角[17]通常远小于非敏捷成像卫星的视场角[71]，依赖于宽视场角的任务合成[34]显然不完全适用于 OSPFAEOS。基于此现状，本章提出一种适用于敏捷成像卫星的广义任务合成[72]，并且探究最大化发挥其卫星成像观测作用，兼顾卫星能源消耗。

3.1　研究问题描述

本节用数学语言描述广义任务合成观测任务规划问题的输入、输出，并定义三个关于广义任务合成的概念与引理。

3.1.1　科学假设

聚焦本章所研究的问题，基于已有的研究和工程实践，对广义任务合成观测任务规划问题进行标准化的假设如下。

【假设 3-1】　不同卫星的属性是不同的，广义任务合成观测任务规划问题研究的是一类光学对地观测卫星：高景一号[17]。高景一号卫星与 Liu 等[37]研究的 AS-01 十分相似，它们都是半敏捷成像卫星，不能进行主动成像[26]。因此，本章假设对地观测卫星成像过程中偏航角不会发生变化。

【假设 3-2】　本章假设对地观测卫星的星上储存空间充足有效，因此，求解广义任务合成观测任务规划问题的过程中不需要考虑 SIDSP。

【假设 3-3】　大区域目标在观测规划之前，通常需要将其分解为一次过境能够完全覆盖的若干小区域，因此，广义任务合成观测任务规划问题只考虑点目标和小区域目标，即卫星一次过境必须可以完全覆盖的地面目标。

【假设 3-4】　需要观测的地面目标数量总是多于卫星能够观测的数量（Wang 等[47]将这种现象称为目标冗余），因此，本章假设每个地面目标至多只需要被观测一次。

【假设 3-5】　本章假设卫星每次相机启动时间（ONT）为常量[17]，并令 $\mathrm{ONT} = 180\mathrm{s}$。

广义任务合成观测任务规划问题（P）可以简化、调整为

$$P = \{\mathrm{St}, \mathrm{Et}, \mathcal{S}, \mathrm{GT}, \mathrm{OT}, \mathrm{Con}\} \tag{3-1}$$

其所包含的符号分别定义如下。

（1）$[\mathrm{St}, \mathrm{Et}]$ 为 P 有效调度时间范围。

（2）$\mathcal{S} = \{\varsigma, |\mathcal{S}| = n_\varsigma\}$ 为 P 考虑的所有对地观测卫星。本章只考虑高景一号卫星，因此，可以忽略该项元素。

（3）$GT = \{gt, |GT| = n_{gt}\}$ 为 P 有效调度时间范围内，待规划的地面目标全集。任意地面目标 gt 基于式（2-6）的定义可扩展为

$$gt = \{Id, lat, lon, alt, \omega, d, b_0, b, r, p, vtw\} \qquad (3\text{-}2)$$

其中，$\{Id, lat, lon, alt, \omega, d, vtw\}$ 完全继承于式（2-6）；b_0 为 gt 的最佳观测时刻点；d 为 gt 的观测持续时间；b 为 gt 的观测开始时间；r 和 p 分别为观测开始时间（b）对应的滚动角和俯仰角。

（4）$OT = \{ot, |OT| = n_{ot}\}$ 为 P 有效调度时间范围内，形成的所有观测任务。针对广义任务合成观测任务规划问题特点，本章扩展观测任务 ot 的属性，统一合成任务及未合成的单独任务的表达方式。任意 ot 可以表示为

$$ot = \{Id, GT, \omega, b, e, \pi_o, \gamma_o, \psi_o, \pi_\infty, \gamma_\infty, \psi_\infty\} \qquad (3\text{-}3)$$

其中，Id 为 ot 的唯一身份标志；GT 为在 ot 中被观测的所有地面目标集合，并按照它们的观测开始时间升序排列；ω 为 ot 的优先级，等于 GT 所包含的所有地面目标的优先级之和；b 和 e 分别为 ot 的观测开始时间和观测结束时间。$\{\pi_o, \gamma_o, \psi_o, \pi_\infty, \gamma_\infty, \psi_\infty\}$ 分别为 ot 的开始俯仰角、开始滚动角、开始偏航角、结束俯仰角、结束滚动角及结束偏航角。

3.1.2　广义任务合成

广义任务合成包括 Wu 等[24, 34]提到的非敏捷成像卫星的任务合成，如图 3-2（a）所示。非敏捷成像卫星的任务合成依赖于卫星的宽视场角，称为第一类任务合成。另外，由于卫星相机的一次开/关机需要消耗数分钟[17]，高景一号卫星设计了一种新的相机工作模式——相机省电模式。相机省电模式中，卫星相机保持开机状态但不进行成像。得益于相机省电模式，卫星不需要在观测每个地面目标之前耗费数分钟重启卫星相机。因此，高景一号卫星通过姿态调整，可以在一次相机开/关机中观测多个地面目标，如图 3-2（b）所示，称为第二类任务合成。

【定义 3-1】　一次相机开/关机称为一个观测任务。一个观测任务可能只观测了一个地面目标（图 3-2（c）），也可能观测了多个地面目标（图 3-2（a）和（b）），后者称为广义任务合成。

第一类任务合成中观测的地面目标不能全部以其最佳成像质量成像，因此任务合成之后观测的地面目标的成像质量都会降低[24]。第二类任务合成中观测的所有地面目标都可以获取最佳观测时刻的成像质量，但是保持卫星相机处于相机省电模式将会消耗额外的能源。因此，广义任务合成是一把"双刃剑"，增加地面目标观测数量的同时造成了额外的能源消耗。如何平衡能源消耗和完成的地面目标收益将是本章需要解决的核心问题。基于敏捷成像卫星的窄视场角，本章将重点研究第二类任务合成。

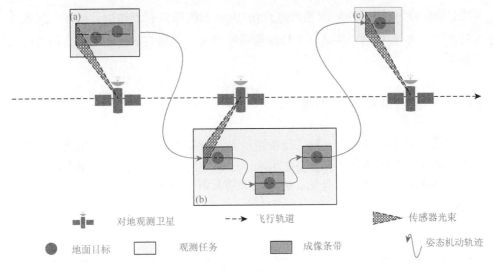

图 3-2　任务合成示意图

得益于较长的可见时间窗口，敏捷成像卫星可以有更多的机会、方式观测地面目标。然而，不同观测时刻对应不同的成像质量[73]，许多研究[5, 27, 37, 43, 45, 54, 73]中将这种现象称为时间依赖特性。例如，Liu 等[37]、He 等[45]认为可见时间窗口中间的成像质量最高，并认为成像质量（ q ）服从线性分布，是分布于[1, 10]的整数，依赖于观测时刻点（ u ），其定义如下：

$$q(u) = 10 - 9\frac{|u - \hat{u}|}{\hat{u} - s} \qquad (3\text{-}4)$$

其中， $\hat{u}$ 为可见时间窗口的中间时刻点，称为最佳成像时刻点； s 为可见时间窗口的开始时间。

又如，Liu 等[37]、He 等[45]、Peng 等[27, 54]将卫星成像质量定义为分布于[0, 1]的实数，依赖于观测时刻的俯仰角，定义如下：

$$q(u) = 1 - \frac{|\pi(u)|}{90} \qquad (3\text{-}5)$$

其中， $\pi(u)$ 为卫星在时刻点(u)观测地面目标的俯仰角。

式（3-4）和式（3-5）本质上是相同的，它们都只考虑俯仰角的变化。此种考虑基于每个地面目标都是单独观测的假设。显然，这样的成像质量计算方法不适用于广义任务合成的卫星成像。因此，本书定义一类新型的成像质量计算方法，新型的成像质量依赖于观测时刻点的俯仰角和滚动角[24, 34]，定义如下：

$$q(u) = \left(1 - \frac{|\pi(u)|}{90}\right) \times \left(1 - \frac{|\gamma(u)|}{90}\right) \qquad (3\text{-}6)$$

其中，$\pi(u)$ 和 $\gamma(u)$ 分别为观测时刻点 (u) 卫星的俯仰角和滚动角。此外，卫星成像质量是分布于[0, 1]的实数，卫星成像质量越大，卫星观测地面目标获得的成像质量越高。

3.1.3　任务合成的能源消耗

考虑广义任务合成的卫星成像观测包含四类基本活动，即启动相机、保持相机省电模式、观测地面目标及姿态机动。这四类活动能源消耗构成每个观测任务（t_i）的能源消耗。为了更好地计算这四类能源消耗，本章定义一系列变量，如表 3-1 所示。

表 3-1　变量定义

变量	定义
E_i	执行 t_i 卫星的总能源消耗
st_i	执行 t_i 卫星保持相机省电模式的总时间
ot_i	执行 t_i 卫星包含观测所有地面目标的持续时间之和
ct_i	执行 t_i 卫星姿态机动耗时
et	卫星启动相机的能源消耗
es	卫星保持相机省电模式的能源消耗功率
eo	卫星观测地面目标的能源消耗功率
ec	卫星姿态机动的能源消耗功率

因此，卫星执行每个观测任务的总能源消耗可以定义为

$$E_i = \mathrm{et} + \mathrm{es} \times \mathrm{st}_i + \mathrm{eo} \times \mathrm{ot}_i + \mathrm{ec} \times \mathrm{ct}_i \tag{3-7}$$

其中，et、es、eo 及 ec 都是常量，鉴于工程实际[17]，令 et = 1J、es = 0.01W、eo = 0.03W 及 ec = 0.05W。此外，ot_i、st_i 及 ct_i 的计算方法分别如下。

$$\mathrm{ot}_i = \sum_{j=1}^{|\mathrm{GT}|} \mathrm{gt}_j.\mathrm{d} \tag{3-8}$$

其中，$|\mathrm{GT}|$ 为观测任务 t_i 包含的地面目标数量；$\mathrm{gt}_j.\mathrm{d}$ 为地面目标 gt_j 的成像持续时长。

$$\mathrm{st}_i = \sum_{j=1}^{|\mathrm{GT}|-1} \left(\mathrm{gt}_{j+1}.\mathrm{b} - \left(\mathrm{gt}_j.\mathrm{b} + \mathrm{gt}_j.\mathrm{d} \right) \right) \tag{3-9}$$

其中，$gt_j.b$ 为地面目标 gt_j 的观测开始时间；$gt_j.b+gt_j.d$ 为地面目标 gt_j 的观测结束时间。

本书研究的高景一号卫星与 He 等[43]研究的 AS-01 极其相似，因此本章直接采用后者提出的卫星姿态机动计算方法：

$$\text{trans}(\Delta g) = \begin{cases} \dfrac{35}{3}, & \Delta g \leqslant 10 \\[2mm] 5 + \dfrac{\Delta g}{v_1}, & 10 < \Delta g \leqslant 30 \\[2mm] 10 + \dfrac{\Delta g}{v_2}, & 30 < \Delta g \leqslant 60 \\[2mm] 16 + \dfrac{\Delta g}{v_3}, & 60 < \Delta g \leqslant 90 \\[2mm] 22 + \dfrac{\Delta g}{v_4}, & \Delta g > 90 \end{cases} \quad (3\text{-}10)$$

其中，$\text{trans}(\Delta g)$ 为姿态机动 Δg 的耗时，单位为 s。$v_1 = 1.5(°)/s$、$v_2 = 2(°)/s$、$v_3 = 2.5(°)/s$ 及 $v_4 = 3(°)/s$ 对应四类姿态角机动速度。Δg 又称姿态角变化量，定义如下：

$$\Delta g = \Delta \pi + \Delta \gamma + \Delta \psi \quad (3\text{-}11)$$

其中，$\Delta \pi$、$\Delta \gamma$ 和 $\Delta \psi$ 分别为俯仰角、滚动角和偏航角的变化量。基于假设 3-1，观测地面目标过程中，偏航角不发生变化，因此式（3-11）变形为

$$\Delta g = \Delta \pi + \Delta \gamma \quad (3\text{-}12)$$

以 $gt_j, gt_{j+1} \in \text{GT}$ 为例，它们是同一观测任务 t_i 内的两个相邻的地面目标且 gt_j 先于 gt_{j+1}。卫星从 gt_j 转动到 gt_{j+1} 的姿态角变化量 Δg 可以表示为

$$\Delta g_{gt_j \to gt_{j+1}} = \left| gt_{j+1}.\text{p} - gt_j.\text{p} \right| + \left| gt_{j+1}.\text{r} - gt_j.\text{r} \right| \quad (3\text{-}13)$$

因此，观测任务 t_i 内的姿态机动耗时可以表示为

$$ct_i = \sum_{j=1}^{|\text{GT}|-1} \text{trans}\left(\Delta g_{gt_j \to gt_{j+1}} \right) \quad (3\text{-}14)$$

1. 启发式规则 1

最大时间间隔（maximum interval time）小于 ONT 的任意两个相邻地面目标应该进行任务合成观测。

如图 3-3 所示，最大时间间隔表示两个地面目标观测时间的最大时间间隔。如果存在两个地面目标的最大时间间隔小于 ONT，且考虑单独观测它们，由于缺

乏充足的时间间隔再次启动卫星相机，则需要放弃其中一个地面目标。相反地，如果考虑将两个地面目标合成，则存在同时观测它们的可能性。

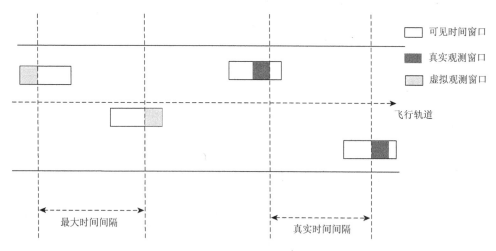

图 3-3　最大时间间隔与真实时间间隔

2. 启发式规则 2

真实时间间隔（true interval time）大于 ONT 的任意两个相邻地面目标应该被单独观测，不需要考虑任务合成。

卫星成像观测任务规划确定了每个地面目标的观测窗口，任务时间间隔随之确定，如图 3-3 所示。当真实时间间隔大于 ONT 时，考虑任务合成将会带来过多的能源消耗，显然此时考虑任务合成是不明智的。在卫星成像观测任务规划结束之前，我们无法确定所有地面目标的真实时间间隔。因此，现有任务合成研究[24, 34, 35, 36]中的两阶段方法（即先确定有限的任务合成方案，再进行卫星成像观测任务规划）显然无法适用于本章研究的广义任务合成观测任务规划问题。

广义任务合成减少了卫星相机开机次数，也带来了为保持相机省电模式造成的额外能源消耗。这两个相互矛盾的过程导致广义任务合成观测任务规划问题具备极强的动态性。同时，每个地面目标的成像质量是动态的，依赖于其真实观测时刻（式（3-6））。因此，广义任务合成观测任务规划问题是一类复杂的动态组合优化问题，这将影响问题建模和算法设计。

3.2　问题分析和数学建模

由于广义任务合成观测任务规划问题具有动态性，我们不可能基于有限个任务合成方法进行成像观测规划。因此，本节将详细分析广义任务合成观测任务规划问题的特点，并综合考虑任务合成及任务观测，建立双目标优化模型。

3.2.1 双目标优化模型

为了更好地建立广义任务合成观测任务规划问题的数学模型，本节设计 n_t、$gt_j.b$、x_j 及 x_{ij} 四个决策变量。其中，n_t 为产生的观测任务总数，包括合成任务及未合成的单独任务；$gt_j.b$ 为地面目标 gt_j 的观测开始时间，它分布于其对应的可见时间窗口 $\left[gt_j.w.s, gt_j.w.e\right]$ 内；x_j 表示地面目标 gt_j 是否被观测；x_{ij} 表示地面目标 gt_j 是否在观测任务 t_i 中被观测。

令

$$x_j = \begin{cases} 1, & gt_j 被观测 \\ 0, & 其他 \end{cases}$$

$$x_{ij} = \begin{cases} 1, & gt_j 在观测任务 t_i 中被观测 \\ 0, & 其他 \end{cases}$$

此外，为了更准确地描述数学模型，本节还定义一些必要的符号。例如，gt_o^i 为观测任务 t_i 内第一个被观测的地面目标；gt_∞^i 为观测任务 t_i 内最后一个被观测的地面目标。

观测尽可能多的地面目标、获取更高价值的遥感信息是对地观测卫星参与应急管理的最核心任务，也是卫星成像观测任务规划的出发点。因此，许多学者[27, 37, 43, 45, 54]考虑以最大化观测收益为优化目标。充分借鉴已有研究设计的优化目标，本节提出成像质量损失（loss rate of image quality，LR）的概念，并以成像质量损失最小化作为优化目标之一，最小化成像质量损失相当于最大化观测成像质量。

成像质量损失主要考虑地面的优先级和真实观测成像质量，记为 $f_1(P)$。$f_1(P)$ 的函数值是分布于[0, 1]的实数，数值越大表示成像质量损失越大。

$$f_1(P) = 1 - \frac{\sum_{j=1}^{n_{gt}} x_j \times gt_j.\omega \times q(gt_j.b)}{\sum_{j=1}^{n_{gt}} gt_j.\omega \times q(gt_j.b_0)} \tag{3-15}$$

其中，$\sum_{j=1}^{n_{gt}} gt_j.\omega \times q(gt_j.b_0)$ 为所有地面目标都是以最佳成像质量观测的最大成像质量，它用于无量纲化成像质量；$\sum_{j=1}^{n_{gt}} x_j \times gt_j.\omega \times q(gt_j.b)$ 为所有被观测的地面目标的真实成像质量之和。

另外，消耗更少的能源也是卫星成像观测任务规划的一个重要目的[5]。因此，本节设计另一个优化目标，能源消耗（energy consumption，EC），记为 $f_2(P)$。优化卫星能源消耗不仅有利于其观测更多地面目标，而且有利于卫星系统运行管理。

$$f_2(P) = \frac{\sum_{i=1}^{n_t} E_i + \sum_{i=1}^{n_t-1} \mathrm{ec} \times \mathrm{trans}\left(\Delta g_{\mathrm{gt}_\infty^i \to \mathrm{gt}_o^{i+1}}\right)}{\mathrm{MEC}} \tag{3-16}$$

其中，$\sum_{i=1}^{n_t} E_i$ 为卫星完成所有规划的观测任务的能源消耗总和，E_i 为卫星完成观测任务 t_i 的能源消耗，如式（3-7）所示；$\sum_{i=1}^{n_t-1} \mathrm{ec} \times \mathrm{trans}\left(\Delta g_{\mathrm{gt}_\infty^i \to \mathrm{gt}_o^{i+1}}\right)$ 为所有观测任务之间姿态机动的能源消耗总和。此外，为了无量纲化能源消耗，本节定义最大能源消耗（maximum energy consumption，MEC）。为了计算最大能源消耗，本节假设所有地面目标都被观测且每个地面目标都是被单独观测的，没有任务合成，如式（3-17）所示。无量纲化之后，$f_2(P)$ 的函数值是分布于[0, 1]的实数，数值越大表示能源消耗越大。

$$\mathrm{MEC} = n_{\mathrm{gt}} \times \mathrm{et} + \sum_{j=1}^{n_{\mathrm{gt}}} \left(\mathrm{eo} \times \mathrm{gt}_j.\mathrm{d}\right) + \mathrm{es} \times \sum_{j=1}^{n_{\mathrm{gt}}-1} \left(\mathrm{gt}_{j+1}.\mathrm{b}_0 - \left(\mathrm{gt}_j.\mathrm{b}_0 + \mathrm{gt}_j.\mathrm{d}\right)\right)$$
$$+ \sum_{j=1}^{n_{\mathrm{gt}}-1} \mathrm{ec} \times \mathrm{trans}\left(\Delta g_{\mathrm{gt}_j \to \mathrm{gt}_{j+1}}\right) \tag{3-17}$$

此外，为了保证最大能源消耗恒大于实际能源消耗，必须考虑相机省电模式的能源消耗，$\mathrm{es} \times \sum_{j=1}^{n_{\mathrm{gt}}-1} \left(\mathrm{gt}_{j+1}.\mathrm{b}_0 - \left(\mathrm{gt}_j.\mathrm{b}_0 + \mathrm{gt}_j.\mathrm{d}\right)\right)$ 为卫星保持相机省电模式造成的能源消耗。只有当 $\mathrm{gt}_{j+1}.\mathrm{b}_0 > \left(\mathrm{gt}_j.\mathrm{b}_0 + \mathrm{gt}_j.\mathrm{d}\right)$ 时，才会纳入计算。

$$\min F(P) = \left\{ f_1(P), f_2(P) \right\} \tag{3-18}$$

总之，本节得到两个优化目标：成像质量损失和能源消耗，如式（3-18）所示。它们的矛盾是可以调和的，因此，同时优化它们是可行的。接下来将描述并分析广义任务合成观测任务规划问题的所有约束条件。

卫星观测任意地面目标都必须在其对应的可见时间窗口内进行，以地面目标 gt_j 为例，此约束条件可表示为

$$\begin{cases} \mathrm{gt}_j.\mathrm{b} \geq \mathrm{gt}_j.\mathrm{w}.\mathrm{s} \\ \mathrm{gt}_j.\mathrm{b} + \mathrm{gt}_j.\mathrm{d} \leq \mathrm{gt}_j.\mathrm{w}.\mathrm{e} \end{cases} \quad 0 \leq j \leq n_{\mathrm{gt}} \tag{3-19}$$

观测任务的数量不能超过参与规划的地面目标总数，即

$$n_t \leqslant n_{\text{gt}} \tag{3-20}$$

正如假设 3-4 所述，任意地面目标至多被观测一次，即

$$\sum_{i=1}^{n_t} x_{ij} = x_j \leqslant 1, \quad 0 \leqslant j \leqslant n_{\text{gt}} \tag{3-21}$$

本书考虑的对地观测卫星的相机在完成每个观测任务后都需要关机，因此，任意两个相邻的观测任务时间间隔必须大于卫星相机启动时间 ONT，这呼应启发式规则 2，即

$$\text{gt}_o^{i+1} - \text{gt}_\infty^i \geqslant \text{ONT}, \quad 0 \leqslant i \leqslant n_t \tag{3-22}$$

任意两个相邻被观测的地面目标的间隔时间必须大于卫星姿态调整所需的机动时间。以 gt_k 和 gt_j 为例，约束可表示为

$$\begin{cases} x_j x_k \times (\text{gt}_k.\text{b} - \text{gt}_j.\text{b}) \leqslant x_j x_k, & \forall k, j \in \left[0, n_{\text{gt}}\right] \\ x_j x_k \times \left(\text{gt}_j.\text{b} - (\text{gt}_k.\text{b} + \text{gt}_k.\text{d})\right) \geqslant x_j x_k \times \text{trans}\left(\Delta g_{\text{gt}_k \to \text{gt}_j}\right) \end{cases} \tag{3-23}$$

此外，当且仅当 x_k 和 x_j 都等于 1 时，式（3-23）才会发挥作用。

3.2.2 问题分析

静态任务合成方法[34]和动态任务合成方法[24]的卫星成像观测任务规划都是基于有限个任务合成方案进行的。考虑某规划问题包含 n 个地面目标，候选的任务合成方案最多只有 $3n/2$ 个，而且在实验部分 Wu 等[34]分析得到任务合成方案少于 $n/5$ 个。

敏捷成像卫星更出色的姿态机动能力导致其广义任务合成区别于非敏捷成像卫星任务合成，是一个与成像观测规划相互交织的动态过程。解决广义任务合成观测任务规划问题的挑战归纳如下。

（1）广义任务合成的动态性不仅包括每个合成任务所包含的地面目标的动态性，而且包括每个地面目标的成像质量的动态性及能源消耗的动态性。因此，广义任务合成观测任务规划问题比非敏捷成像卫星任务合成观测规划问题[24, 34]更加复杂。

（2）现有很多 OSPFAEOS 研究[27, 37, 43, 45, 54]忽略了卫星相机开关约束，认为卫星相机一直处于开机状态。这样的假设适合地面目标分布极其密集的应用场景。但是地面目标的分布与实际应用相关，多数情况下是随机的，这可以从相关仿真场景中发现。因此，显然不能忽略卫星相机开关约束。

总之，广义任务合成观测任务规划问题是一类新颖的且具有高度动态组合特性的优化问题，其复杂程度远大于 OSPFAEOS [27, 37, 43, 45, 54]，而 OSPFAEOS 是一类时间依赖问题且被证明是 NP-Hard 的[38]。

3.3 算法部件更新

面向广义任务合成观测任务规划问题的特点，本章需要调整、更新自适应多目标模因算法（ALNS + NSGA-Ⅱ）的部分部件，更新后的 ALNS + NSGA-Ⅱ算法流程如图 3-4 所示。

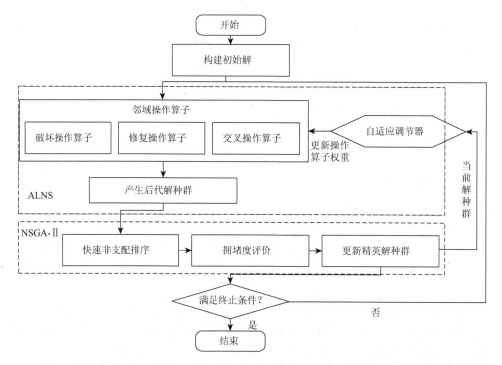

图 3-4 面向广义任务合成观测任务规划问题的 ALNS + NSGA-Ⅱ算法流程

本节将重点阐述 ALNS + NSGA-Ⅱ的调整或者更新部件，初始解构造算法和进化操作算子。此外，地面目标选择机制、后代解取舍机制、自适应调节器及算法终止条件未发生改变，故不再赘述。

3.3.1 初始解构造

虽然 ALNS[70]对初始解的敏感度不高，但是质量更高的初始解肯定有利于问题求解，同时考虑启发式贪心算法总可以稳定地搜索到不错的可行解，本节设计以一类 RGHA 作为构造初始解的算法。基于广义任务合成观测任务规划问题的特点，即确定任务合成的同时需要优化每个任务的观测窗口，RGHA 包含两个阶段，即合成任务和确定观测窗口。RGHA 的伪代码如算例 3-1 所示。

算例 3-1　RGHA 的伪代码

Input: 待规划地面目标集合（GT）、目标选择概率（RS）、最佳成像时刻选择概率（BMR）及解种群规模（NS）
Output: 初始解集合（Ss），其元素为观测任务（OT）

```
1:    While Sizeof（Ss）≤ NS
2:       基于 RS 随机产生 IGT ← GT
3:       基于优先级降序排列 IGT
4:       Repeat ------确定观测窗口
5:          gt ← IGT
6:          If  τ＞BMR   then
```

$$7:\qquad\quad gt.w.b \leftarrow gt.w.b_0 - \frac{gt.d_0}{2}$$

```
8:          Else
9:             gt.w.b ← rand([gt.w.s, gt.w.e])
10:         End if
11:         If 满足约束条件（式（3-23））then
12:            将 gt 插入观测目标集合 GT
13:         Else
14:            放弃 gt
15:         End if
16:      Until  IGT  被完全遍历
17:      Repeat ------合成任务
18:         产生  OT ← 启发式规则 2
19:         创建 S 并且加入 Ss
20:      Until  GT 被完全遍历
21:   End
22:   Return  Ss
```

此外，由于需要观测的地面目标总是大于对地观测卫星的观测能力[47]，每次成像规划只随机选择一部分地面目标 IGT。每个地面目标的最佳观测时间都会被优先选择。由于每个观测任务的观测时间是随机确定的，确定观测窗口时不考虑观测时间的滑动[37]。在确定每个地面目标的观测时间之后，才可以进行任务合成。根据启发式规则 2 可以快速地完成任务合成。RGHA 可以快速构造多个解，这有利于更彻底地访问整个搜索空间，避免陷入局部最优。

3.3.2　两类操作算子设计

本节设计两类操作算子用于提升解的质量、推动算法进化。第一类操作算子应用于每个解的个体内部，通过破坏操作和修复操作改变每个解的结构。第二类操作算子应用于两个解之间，通过交换两个解的部分内容，实现解的结构变化，进而完成解的变化。

1. 破坏操作算子

对应广义任务合成观测任务规划问题的两个对象——地面目标和观测任务，本节设计两种破坏操作算子。第一种破坏操作算子作用于地面目标，移除已规划的地面目标。第二种破坏操作算子作用于观测任务，通过破坏观测任务，实现移除已规划的地面目标。移除的地面目标被存放在空间大小给定（$|B|$）的禁忌池 B 中。每次迭代之前，禁忌池都是空的，填满禁忌池是破坏操作算子运行的结束条件。另外，所有未规划的地面目标存储在地面目标池 F 中，所有处在 F 而不在 B 中的地面目标将被修复操作算子选中，用于修复对应的解。

1）第一种破坏操作算子

（1）RD-Target。这个破坏操作算子从给定的解中随机选择一些被规划的地面目标并移除。

（2）PD-Target。这个破坏操作算子以地面目标的优先级为引导因子，将已规划的地面目标按照引导因子升序排列，并依次移除被规划的地面目标，从而实现破坏操作。这意味着此破坏操作算子更加偏好移除优先级较低的地面目标。

（3）LD-Target。这个破坏操作算子以地面目标的可见时间窗口为引导因子，将已规划的地面目标按照引导因子降序排列，并依次移除被规划的地面目标，从而实现破坏操作。这意味着此破坏操作算子更加偏好移除可见时间窗口更长的地面目标。

（4）CD-Target。这个破坏操作算子以地面目标的可冲突度[37]为引导因子，将已规划的地面目标按照引导因子降序排列，并依次移除被规划的地面目标，从而实现破坏操作。这意味着此破坏操作算子更加偏好移除冲突度更大的地面目标。

2）第二种破坏操作算子

（1）RD-Task。这个操作算子从给定的解中随机选择一些观测任务，并移除观测任务所包含的地面目标。

（2）PD-Task。这个破坏操作算子以观测任务的综合收益为引导因子，将已规划的地面目标按照引导因子升序排列，并依次移除被规划的地面目标，从而实现破坏操作。这意味着此破坏操作算子更加偏好选择综合收益更低的观测任务，移除它们所包含的地面目标。

（3）ED-Task。这个破坏操作算子以观测任务的能源消耗为引导因子，将已规划的地面目标按照引导因子降序排列，并依次移除被规划的地面目标，从而实现破坏操作。这意味着此破坏操作算子更加偏好选择能源消耗更多的观测任务，移除它们所包含的地面目标。

（4）CD-Task。这个破坏操作算子以观测任务的冲突度为引导因子，将已规划的地面目标按照引导因子降序排列，并依次移除被规划的地面目标，从而实现破坏操作。此外，每个观测任务的冲突等于其包含地面目标冲突的总和。这意味着此破坏操作算子更加偏好选择冲突度更大的观测任务，移除它们所包含的地面目标。

2. 修复操作算子

修复操作算子与破坏操作算子总是成对使用，因此，本节也设计两种修复操作算子，它们的区别在于修复操作作用的邻域不同。第一类修复操作算子作用的地面目标，其可见时间窗口必须处于已有安排任务的观测窗口内，称为 Inside。第二类修复操作算子作用的地面目标，其可见时间窗口处于已有安排任务的观测窗口之间，称为 Outside。

（1）RR-Inside/RR-Outside。这两个修复操作算子从其对应的邻域（Inside/Outside）中随机选择一些未规划且不在禁忌池 B 中的地面目标，尝试插入需要修复的解。

（2）PR-Inside/PR-Outside。这两个修复操作算子以地面目标的优先级为引导因子，进行修复操作。它们更加偏好从其对应邻域（Inside/Outside）中选择优先级更高的且不在禁忌池 B 中的地面目标，尝试插入需要修复的解。

（3）LR-Inside/LR-Outside。这两个修复操作算子以地面目标的可见时间窗口为引导因子，进行修复操作。它们更加偏好从其对应邻域（Inside/Outside）中选择可见时间窗口更短的且不在禁忌池 B 中的地面目标，尝试插入需要修复的解。

（4）CR-Inside/CR-Outside。这两个修复操作算子以地面目标的冲突度为引导因子，进行修复操作。它们更加偏好从其对应邻域（Inside/Outside）中选择冲突度更小的且不在禁忌池 B 中的地面目标，尝试插入需要修复的解。

3. 交换操作算子

第一类操作算子（破坏操作算子和修复操作算子）通过改变给定解的内部结构产生新的解；第二类操作算子（交换操作算子）通过交换两个不同解的部分内容，从而产生新的解。面向地面目标和观测任务两个对象，本节设计两种交换操作算子。

（1）SO-Target。这个操作算子将随机选择两个精英解作为父代，随机选择父代解中部分地面目标，并交换它们，固定被交换地面目标的观测信息，包括是否被观测、观测窗口等，从而产生两个子代解。

（2）SO-Task。这个操作算子将随机选择两个精英解作为父代，随机选择父代解中部分观测任务，并交换它们，固定被交换观测任务信息，包括包含的地面目标、观测窗口等，从而产生两个子代解。

3.4　仿真实验分析

本节将深入探究本章定义的广义任务合成对卫星成像观测任务规划的影响，并从多个方面分析本章设计的自适应多目标模因算法（ALNS + NSGA-Ⅱ）的有效性。另外，ALNS + NSGA-Ⅱ的一些参数设置如表 3-2 所示。

表 3-2　ALNS + NSGA-Ⅱ的一些参数设置

参数	含义	数值
NS	所有种群的规模	100
NBest	精英种群的规模	50
NA	补充种群的规模	100
MaxIter	最大迭代次数	200
RS	地面目标选择概率	0.3
BMR	地面目标以最佳观测时刻成像的概率	0.7
TR	禁忌池 B 长度相对已规划的地面目标总数的比例	0.1
removeRate	移除一个地面目标或观测任务的概率	0.6
insertRate	插入一个地面目标的概率	0.4
crossRate	交换地面目标数量相对所有地面目标数量的比例	0.1
σ_1	新解支配所有已有解，操作算子的得分	30
σ_2	新解支配当前帕累托前沿上的一个解，操作算子的得分	20
σ_3	新解是非支配解，处在当前帕累托前沿上，操作算子的得分	10
σ_4	新解被当前帕累托前沿上的所有解支配，操作算子的得分	0
λ	控制权重更新对实时得分敏感度的参数	0.5

3.4.1　广义任务合成影响

为了分析广义任务合成对卫星成像观测任务规划的影响，本节设计两个对照组：第一个对照组要求每个地面目标都独立观测，且观测每个地面目标都需要重启卫星相机（close the sensor after each observation，CSEO）；第二个对照组要求卫星相机保持常开（keep the sensor opening all time，KSOA）。另外，实验组将考虑广义任务合成的卫星成像观测任务规划记为 CTC。

本节使用 CD 仿真场景的所有测试算例，面向 CTC、CSEO 和 KSOA，运行 ALNS + NSGA-Ⅱ并分别求解测试算例。对比实验结果如表 3-3 所示。其中，$\hat{V}_1$、$\bar{V}_1$ 和 $\check{V}_1$ 分别为帕累托前沿上的成像质量损失的最大值、平均值及最小值，$\hat{V}_2$、$\bar{V}_2$ 和 $\check{V}_2$ 分别为帕累托前沿上的能源消耗的最大值、平均值及最小值。

（1）CSEO 中观测每个地面目标结束后都需要关闭卫星相机，下次成像之前都需要重新启动卫星相机，卫星相机需要消耗 180s，这个时间段内卫星不可以观测任何地面目标。因此，CSEO 下 ALNS + NSGA-Ⅱ观测的地面目标数量远小于 CTC 和 KSOA。

（2）KSOA 运行 ALNS + NSGA-Ⅱ消耗的能源恒多于 CTC 和 CSEO，这个现象呼应了 3.1.3 节的分析，也一定程度佐证了启发式规则 2 的正确性。

（3）虽然 CSEO 的被观测地面目标数量显著少于 KSOA 与 CTC，但是 CSEO 的能源消耗与 CTC 相仿。此现象反映了广义任务合成不仅有效提升了卫星观测收益，而且优化了卫星能源消耗。这意味着合理地将广义任务合成应用于卫星成像观测任务规划，能够实现能源消耗较少且观测更多、更好，也一定程度佐证了启发式规则 1 的正确性。

总而言之，综合考虑成像质量损失和能源消耗的目标函数值的变化，我们有理由认为，将广义任务合成应用于卫星成像观测任务规划是合适的且有必要的。

此外，为了更加直观地表达基于 CTC、CSEO 和 KSOA 的卫星成像观测任务规划效能，此处选择四个测试算例（CD-100、CD-200、CD-300 和 CD-400），并分别绘制其帕累托前沿，如图 3-5 所示。其中，黑色圆圈对应 CTC 的帕累托前沿，蓝色圆圈对应 CSEO 的帕累托前沿，绿色圆圈对应 KSOA 的帕累托前沿。

基于 CTC 运行 ALNS + NSGA-Ⅱ获取的帕累托前沿显著优于基于两个对照组 CSEO 和 KSOA 运行 ALNS + NSGA-Ⅱ获取的帕累托前沿。

此外，基于 CTC 运行 ALNS + NSGA-Ⅱ获取的帕累托前沿更长，这意味着基于 CTC 运行 ALNS + NSGA-Ⅱ对解空间的搜索能力更强，能够获取多样性更丰富的解。

3.4.2 算法效能分析

寻优能力和收敛性[69, 74]是衡量多目标优化进化算法能力的两大常见指标。不失一般性，本节将从寻优能力和收敛性两方面分别探究 ALNS + NSGA-Ⅱ的效能。

表 3-3 对比实验结果 (一)

测试算例	CTC						CSEO						KSOA					
	$\hat{V}_1$	$\bar{V}_1$	$\check{V}_1$	$\hat{V}_2$	$\bar{V}_2$	$\check{V}_2$	$\hat{V}_1$	$\bar{V}_1$	$\check{V}_1$	$\hat{V}_2$	$\bar{V}_2$	$\check{V}_2$	$\hat{V}_1$	$\bar{V}_1$	$\check{V}_1$	$\hat{V}_2$	$\bar{V}_2$	$\check{V}_2$
CD-50	0.2763	0.5746	0.9653	0.0015	0.0370	0.0786	0.6132	0.7716	0.9632	0.0011	0.0508	0.1001	0.2617	0.6005	0.9831	0.0015	0.2013	0.5258
CD-75	0.3827	0.6538	0.9760	0.0015	0.0374	0.0788	0.7262	0.8198	0.9747	0.0010	0.0512	0.0876	0.4482	0.7315	0.9845	0.0014	0.1504	0.4956
CD-100	0.4500	0.7162	0.9712	0.0029	0.0376	0.0807	0.7857	0.8738	0.9804	0.0008	0.0379	0.0744	0.4853	0.7516	0.9804	0.0013	0.3653	0.7486
CD-125	0.5793	0.7811	0.9867	0.0013	0.0307	0.0643	0.8042	0.8969	0.9843	0.0007	0.0325	0.0730	0.5518	0.7619	0.9843	0.0012	0.3651	0.7039
CD-150	0.5499	0.7669	0.9845	0.0023	0.0401	0.0846	0.8464	0.9144	0.9875	0.0006	0.0304	0.0631	0.5864	0.7923	0.9875	0.0011	0.3575	0.6531
CD-175	0.6318	0.8171	0.9817	0.0024	0.0348	0.0722	0.8747	0.9290	0.9897	0.0005	0.0272	0.0523	0.6103	0.8120	0.9892	0.0020	0.3736	0.6225
CD-200	0.6657	0.8448	0.9910	0.0010	0.0309	0.0748	0.8723	0.9273	0.9910	0.0005	0.0292	0.0576	0.6945	0.8553	0.9931	0.0010	0.3440	0.5764
CD-225	0.6964	0.8455	0.9966	0.0009	0.0350	0.0710	0.8892	0.9358	0.9930	0.0004	0.0279	0.0524	0.7110	0.8603	0.9933	0.0010	0.3234	0.5498
CD-250	0.7352	0.8845	0.9941	0.0009	0.0298	0.0685	0.9160	0.9568	0.9932	0.0004	0.0190	0.0427	0.7221	0.8657	0.9934	0.0011	0.2970	0.5740
CD-275	0.7329	0.8651	0.9936	0.0008	0.0346	0.0714	0.9157	0.9515	0.9936	0.0004	0.0215	0.0395	0.7498	0.8771	0.9968	0.0008	0.2814	0.4960
CD-300	0.7451	0.8860	0.9964	0.0009	0.0297	0.0694	0.9254	0.9649	0.9948	0.0003	0.0164	0.0416	0.7515	0.8760	0.9894	0.0020	0.3007	0.5185
CD-325	0.7683	0.8882	0.9958	0.0008	0.0309	0.0676	0.9340	0.9665	0.9949	0.0003	0.0151	0.0343	0.7559	0.8823	0.9927	0.0020	0.3099	0.4961
CD-350	0.7929	0.8956	0.9964	0.0007	0.0290	0.0606	0.9312	0.9639	0.9955	0.0003	0.0169	0.0362	0.7795	0.8866	0.9920	0.0019	0.3048	0.4716
CD-375	0.8020	0.8973	0.9971	0.0007	0.0302	0.0584	0.9352	0.9652	0.9958	0.0003	0.0171	0.0338	0.7908	0.8867	0.9956	0.0007	0.3041	0.4524
CD-400	0.7995	0.8992	0.9957	0.0007	0.0294	0.0646	0.9356	0.9614	0.9957	0.0003	0.0190	0.0362	0.8185	0.9178	0.9957	0.0007	0.2362	0.4006

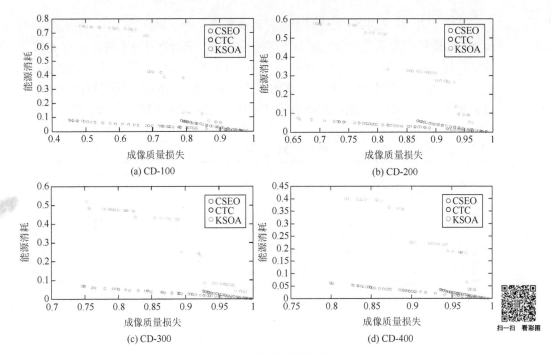

图 3-5 不同组别下的帕累托前沿

1. 寻优能力

广义任务合成观测任务规划问题是一个新问题，目前不存在任何涉及此问题的研究，即无法找到任何现有求解算法直接与本章的 ALNS + NSGA-Ⅱ进行对比。因此，本节只考虑 ALNS + NSGA-Ⅱ的初始解构造算法（RGHA）与现有算法（ALNS[37]）进行对比仿真实验。为了实现算法对比，本节适当简化广义任务合成观测任务规划问题，忽略任务合成约束条件（式（3-22）），且令每个地面目标都是单独观测的、不考虑任务合成。此外，RGHA 还需要进行如下简化。

（1）令 BMR =1，即不考虑出现质量问题。换而言之，RGHA 将以最大化地面目标被观测数量为优化目标，不再考虑能源消耗约束。因此，RGHA 的寻优目标与 ALNS[37]一致。

（2）令 ONT = 0，即不考虑任务合成约束条件（式（3-22）），这意味着卫星相机将一直保持开机状态。

（3）令种群的规模 NS=1，这意味着每个仿真场景中 RGHA 只构造一个解。

（4）令 RS =1，这意味着 RGHA 每次构造解都是面向全体地面目标的。

此外，RGHA 不具有任何迭代和操作算法、不具备算法进化能力，毫无疑问地，ALNS 将会支配 RGHA。

本节采用 WD 仿真场景的所有测试算例，算法运行对比实验结果如表 3-4 所示。其中，R_p 为 RGHA 构造解中被观测地面目标的比例，$\hat{R}_p$、$\bar{R}_p$ 和 $\breve{R}_p$ 分别为 ALNS 构造解中被观测地面目标的比例的最大值、平均值及最小值，runT 为算法的运行耗时；G_p 为 R_p 与 $\bar{R}_p$ 的比值；G_t 为 RGHA 与 ALNS 运行耗时的比值。

虽然 ALNS 搜索的解恒优于 RGHA 构造解，但是 RGHA 构造解质量总是可以被接受的，RGHA 构造解的收益可以达到 ALNS 搜索的解的 94%以上。

表 3-4　对比实验结果（二）

测试算例	RGHA		比值		ALNS			
	R_p	runT /s	G_p	G_t	$\hat{R}_p$	$\bar{R}_p$	$\breve{R}_p$	runT /s
WD-50	1.0000	0.0007	100%	50%	1.0000	1.0000	1.0000	0.0014
WD-100	0.9978	0.0011	100%	1.08%	0.9978	0.9978	0.9978	0.1018
WD-150	0.9985	0.0034	100%	1.48%	0.9985	0.9985	0.9985	0.2290
WD-200	0.9865	0.0031	99%	1.20%	0.9955	0.9955	0.9955	0.2585
WD-250	0.9748	0.0053	99%	1.39%	0.9820	0.9820	0.9820	0.3808
WD-300	0.9571	0.0078	99%	1.46%	0.9707	0.9707	0.9707	0.5356
WD-350	0.9542	0.0114	98%	1.66%	0.9697	0.9697	0.9697	0.6866
WD-400	0.9378	0.0152	98%	1.77%	0.9561	0.9561	0.9561	0.8595
WD-450	0.9087	0.0200	96%	1.68%	0.9412	0.9423	0.9427	1.1898
WD-500	0.8860	0.0258	96%	1.96%	0.9265	0.9273	0.9278	1.3140
WD-550	0.8755	0.0297	95%	1.34%	0.9228	0.9239	0.9248	2.2106
WD-600	0.8597	0.0362	94%	1.65%	0.9100	0.9107	0.9115	2.1887

另外，RGHA 的耗时是毫秒级的，远快于 ALNS。RGHA 能够在极短时间内构造出初始可行解甚至满意解，它在工程实践上有较大的应用价值。

2. 收敛性

许多已有研究表明随机进化机制可以很好地对比多目标优化算法[75]，因此本节设计一类简单的随机进化机制（crude random evolutionary mechanism，CREM）。CREM 要求随机保留精英解，用于分析算法使用的精英解进化机制 NSGA-Ⅱ。结合 CREM 和 ALNS，本节设计对比算法——ALNS + CREM。

CD 中的 8 个仿真算例（CD-50～CD-400，步长为 50 个）被选择作为测试算例。此外，算法迭代超体积（hypervolume）作为评价指标，由非常流行的超体积计算方法——切片超体积计算方法（hypervolume by slicing objectives，HSO）[76]计算而得。图 3-6 描绘了面向不同测试算例，ALNS + NSGA-Ⅱ 和 ALNS + CREM 运行的迭代超体积。其中，黑色点线和蓝色点线分别对应 ALNS + NSGA-Ⅱ 和 ALNS + CREM 运行的迭代超体积。

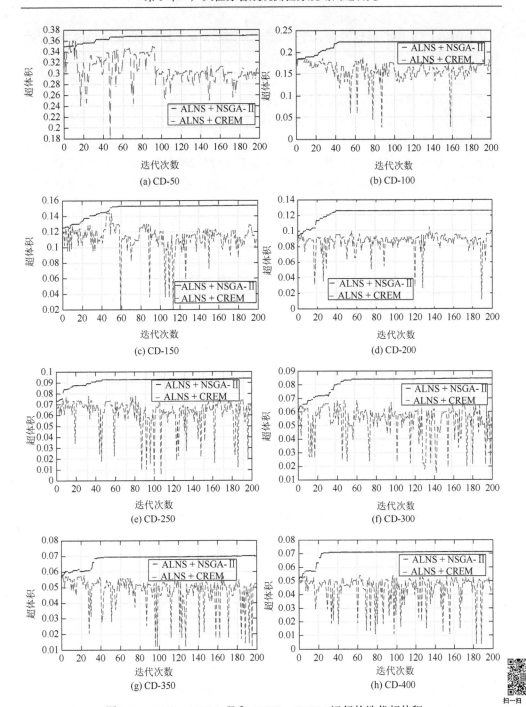

图 3-6　ALNS + NSGA-Ⅱ和 ALNS + CREM 运行的迭代超体积

对所有测试算例，ALNS + NSGA-Ⅱ运行的迭代超体积于 50 次迭代后趋于稳定，ALNS + CREM 运行的迭代超体积则处于混乱中。显然 ALNS + NSGA-Ⅱ的收敛性很好。

为了进一步分析 ALNS + NSGA-Ⅱ的收敛性，我们采用 WD 中的所有仿真场景作为测试算例，针对每个测试算例，独立重启 ALNS + NSGA-Ⅱ和 ALNS + CREM 50 次，统计它们获得的最终超体积，绘制箱线图如图 3-7 所示。其中，黑色箱线和蓝色箱线分别对应 ALNS + NSGA-Ⅱ和 ALNS + CREM 获得的最终超体积，红色加号表示异常值。此外，为了可视化地展示 NSGA-Ⅱ的效能，我们选取 WD-100～WD-600 共 6 个测试算例，绘制 50 次重启中它们的最佳帕累托前沿。

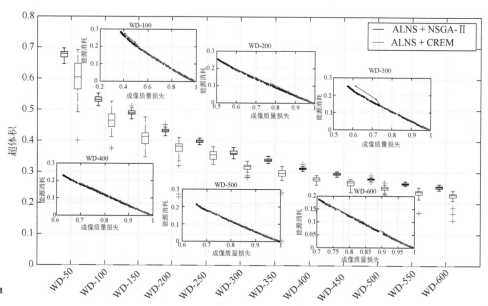

图 3-7　ALNS + NSGA-Ⅱ和 ALNS + CREM 的收敛分布

第一，黑色箱线与蓝色箱线的位置关系反映了 ALNS + NSGA-Ⅱ搜索保留的精英解恒优于 ALNS + CREM。

第二，黑色箱线的长度总是小于蓝色箱线，蓝色箱线的红色加号数量远多于黑色箱线，这都反映出 ALNS + NSGA-Ⅱ可以稳定搜索到很好的帕累托前沿解。

第三，针对 6 个测试算例，ALNS + NSGA-Ⅱ和 ALNS + CREM 获取的帕累托前沿位置进一步反映了 ALNS + NSGA-Ⅱ的进化机制非常优秀。一方面，ALNS + NSGA-Ⅱ获取的帕累托前沿总是位于 ALNS + CREM 获取的帕累托前沿之下。另一方面，ALNS + NSGA-Ⅱ的帕累托前沿更长，这意味着其搜索的解的多样性更丰富。

综上所述，综合考虑算法寻优能力和收敛性，本章设计的自适应多目标模因算法（ALNS＋NSGA-Ⅱ）可以稳定搜索到不错的解，适用于求解广义任务合成观测任务规划问题。

3.4.3　操作算子效能分析

为了分析每个操作算子的进化效果，即其权重变化规律，本节首先分析每个操作算子对参数 λ 取值的敏感度，然后研究每个操作算子的进化情况。此外，本节选用 CD 仿真场景中的 CD-50 作为实验算例。

1. 参数 λ 取值的敏感度

为了分析每个操作算子对参数 $\lambda \in [0,1]$ 取值的敏感度，令最大迭代次数 $\mathrm{MaxIter} = 200$，每个操作算子在算法迭代结束后的最终权重如图 3-8 所示。

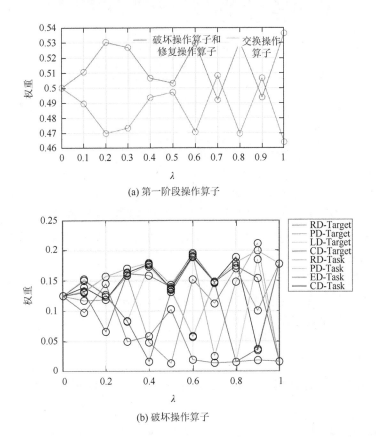

(a) 第一阶段操作算子

(b) 破坏操作算子

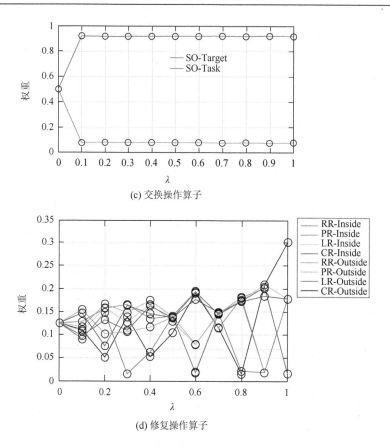

(c) 交换操作算子

(d) 修复操作算子

图3-8　不同λ取值下的操作算子最终权重

破坏操作算子和修复操作算子的最终权重总是大于交换操作算子的最终权重。特别地，当λ=0.5时，两类操作算子的最终权重最接近[①]。但是，无论λ取任何值，SO-Target 的权重都恒大于 SO-Task 的权重，即 SO-Target 的寻优效果恒优于 SO-Task。

另外，随着 λ 取值的变化，破坏操作算子和修复操作算子的最终权重分布处于混乱状态。为了保证更多操作算子在 ALNS＋NSGA-Ⅱ 的寻优中发挥作用，后续仿真实验分析中设置参数λ=0.5。

2. 操作算子进化

为了深入分析各操作算子的进化，基于仿真算例 CD-50，令最大迭代次数

_____

① 当λ=1时，操作算子的权重不发生改变，此时操作算子的历史表现对其进化无影响。因此，本节不考虑这个 λ 取值。

MaxIter = 1000 且参数 $\lambda = 0$，本节得到不同操作算子随着算法迭代的权重进化情况，如图 3-9～图 3-12 所示。

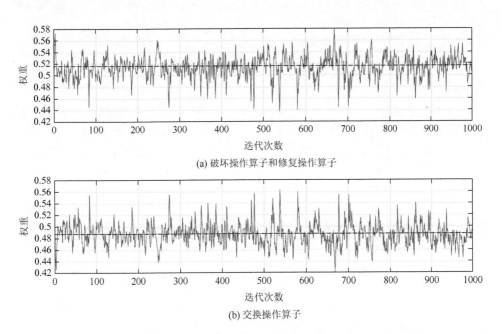

(a) 破坏操作算子和修复操作算子

(b) 交换操作算子

图 3-9　第一阶段操作算子的迭代权重

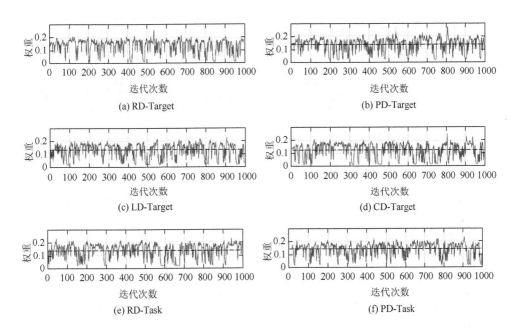

(a) RD-Target

(b) PD-Target

(c) LD-Target

(d) CD-Target

(e) RD-Task

(f) PD-Task

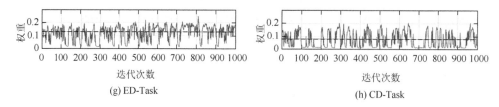

(g) ED-Task

(h) CD-Task

图 3-10 破坏操作算子的迭代权重

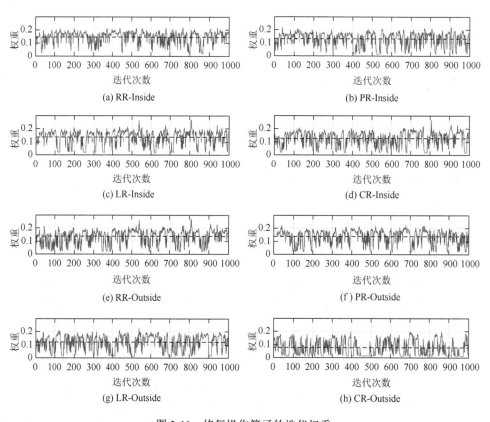

(a) RR-Inside

(b) PR-Inside

(c) LR-Inside

(d) CR-Inside

(e) RR-Outside

(f) PR-Outside

(g) LR-Outside

(h) CR-Outside

图 3-11 修复操作算子的迭代权重

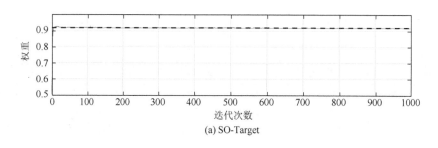

(a) SO-Target

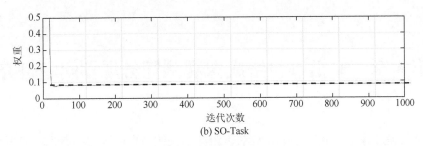

(b) SO-Task

图 3-12　交换操作算子的迭代权重

图 3-9 显示算法 20 次迭代后，第一阶段操作算子优劣展露无遗，破坏操作算子和修复操作算子的权重浮动于 0.5136，交换操作算子的权重徘徊于 0.4864。显然，破坏操作算子和修复操作算子的寻优效果优于交换操作算子。

图 3-10 和图 3-11 分别描绘了破坏操作算子和修复操作算子的迭代权重。当 $\lambda = 0.5$ 时，所有操作算子的权重都在算法 10 次迭代后趋于稳定。对于破坏操作算子，PD-Task（0.1414）寻优效果最好，CD-Task（0.0742）寻优效果最差。对于修复操作算子，RR-Inside（0.1457）寻优效果最好，CR-Outside（0.0785）寻优效果最差。破坏操作算子与修复操作算子需要成对配合使用，它们对应的迭代权重反映出 PD-Task 和 RR-Inside 的配合更加有利于算法寻优，即更加有利于在更少的迭代次数内寻找到更好的解。这对于对地观测卫星在应急管理中的应用十分有价值，有利于更快、更好地提供信息支援。

虽然交换操作算子的寻优效果略差于破坏操作算子和修复操作算子（图 3-9），但是交换操作算子有效地补充了解的多样性。交换操作算子的迭代权重如图 3-12 所示，其中，SO-Target 的寻优效果恒优于 SO-Task，这与图 3-9 反映的现象相呼应。同样地，算法迭代 10 次以后，交换操作算子的权重趋于稳定，SO-Target 的权重稳定于 0.9182，SO-Task 的权重稳定于 0.0831。

3.5　本 章 小 结

本章定义且研究了一类新型的任务合成——广义任务合成，大量的仿真实验证明了将广义任务合成应用于对地观测卫星成像观测任务规划的合理性和必要性，即广义任务合成有效提升了（半/全）敏捷成像卫星系统参与应急管理的应用效能，有助于（半/全）敏捷成像卫星系统获取更多的地面遥感信息，提供更多、更及时的支援信息；设计了广义合成任务的能源消耗计算方法，并以成像质量损失和能源消耗为优化目标，将广义任务合成观测任务规划问题构建为一类离散双目标优化模型；扩展了自适应多目标模因算法——ALNS + NSGA-Ⅱ，仿真实验结果揭示了 ALNS + NSGA-Ⅱ用于求解广义任务合成观测任务规划问题的出色能力。

第4章 非沿迹包络成像观测任务规划问题研究

全敏捷成像卫星具有三个（滚动、俯仰、偏航）自由度的姿态机动能力[38]，且能够主动成像[26,49]，是现行最先进的对地观测卫星。主动成像是指卫星观测地面目标的同时可以调整其姿态。得益于主动成像能力，卫星可以沿任意方向推扫成像条带，完成地面目标的观测覆盖，如图 4-1（a）所示，卫星获取遥感信息的能力显著提升。然而，理论上成像条带方向取值范围为[0°，360°]且其取值有无穷多个，无穷多个成像条带方向势必导致 OSPFEOS 的求解耗时显著增加，无法短时间内获取卫星的成像观测方案，进而影响其提供支援信息的时效性。本章旨在解决全敏捷成像卫星无穷多个成像条带方向的问题，在保证非沿迹成像应用效能的基础上，显著缩短 OSPFEOS 的求解耗时，提升全敏捷成像卫星服务应急管理的能力。

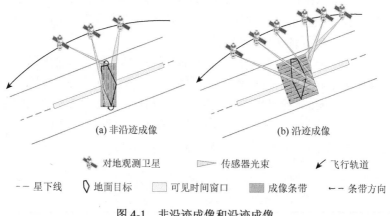

(a) 非沿迹成像　　　　　　　　(b) 沿迹成像

🛰 对地观测卫星　　▷ 传感器光束　　↙ 飞行轨道

- - 星下线　◊ 地面目标　▭ 可见时间窗口　▨ 成像条带　←- 条带方向

图 4-1　非沿迹成像和沿迹成像

（1）非沿迹成像下卫星观测覆盖地面目标的成像条带数量（3 条）显著少于沿迹成像下卫星观测覆盖地面目标的成像条带数量（6 条）。更少的成像条带会节约更多的姿态机动时间和成像时间，使得卫星有机会观测更多的地面目标。

（2）在非沿迹成像的每个成像条带，卫星姿态在时刻调整，而在沿迹成像的每个成像条带，卫星姿态保持不变，因此，在同样观测时长的成像条带，非沿迹成像比沿迹成像需要消耗更多的能源。

（3）非沿迹成像下卫星观测覆盖地面目标的机会和方式更多[49]，每类观测覆盖方式的成像条带数量和能源消耗不尽相同，计算方式更加复杂。

（4）虽然非沿迹成像下卫星有机会以更少的成像条带观测覆盖地面目标，但是卫星成像过程的姿态角可能较差，这会导致地面目标的成像质量相对下降。

（5）理论上的无穷多个成像条带方向导致 MOSPFAEOS 的求解难度较传统 OSPFEOS 更大，而传统 OSPFEOS 已被理论证明是 NP-Hard 问题[38]。

Yang 等[49]提出了 MOSPFAEOS，然而对于每个地面目标，他们仅考虑了两个特定的成像条带方向（最少成像条带数对应的方向及平行于星下线的方向）的主动成像，本章将这两个方向的成像条带划分组成集合称为非沿迹包络划分集。文献搜索显示尚未发现其他研究涉及 MOSPFAEOS，因此，本章将分析、研究如何更好地利用非沿迹成像，获取更多、更高成像质量的遥感信息，同时消耗较少的卫星能源，从而实现全敏捷成像卫星快速、高效地支撑应急管理的信息支援，主要包括以下方面。

（1）提出一类适用于全敏捷成像卫星的成像质量计算方法，即累计成像质量计算方法。

（2）归纳全敏捷成像卫星观测多条带地面目标过程中的能源消耗，并提出对应的计算方法。

（3）基于 Yang 等[49]的研究，提出全敏捷成像卫星的另外三种成像条带划分集，分别是沿迹划分集、非沿迹划分集和完全划分集，并进行大量对比数值仿真实验，分析非沿迹包络划分集的有效性。

（4）以累计成像质量和能源消耗为优化目标，将 MOSPFAEOS 构建为一类离散双目标优化模型。

（5）考虑 MOSPFAEOS 的特点，修正自适应多目标模因算法部分部件的构造和流程。

（6）面向实际工程应用，提出一套 MOSPFAEOS 的测试算例生成方法，并基于此产生大量的仿真场景。

4.1　研究问题描述

本节构建一类离散双目标优化模型用于描述 MOSPFAEOS。在此之前，本节提出一系列问题假设，并建立两个优化目标的数学表达式。

4.1.1　问题构成

【假设 4-1】　卫星姿态机动调度问题已得到系统且完整的研究[20]，因此，本章假设在可见时间窗口的任意时刻点，卫星的任意姿态机动都是可行的。

【假设 4-2】   本章的研究对象是一颗全敏捷光学成像卫星——高分多模卫星[77]。

【假设 4-3】   本章假设卫星的星上储存能力充足有效，求解 MOSPFAEOS 的过程中不需要考虑 SIDSP。

【假设 4-4】   本章只考虑小区域地面目标，即卫星可以在一次过境完全观测覆盖它们，但是成像条带数量不做限制。

【假设 4-5】   本章假设每个地面目标至多只需要被观测一次。

【假设 4-6】   本章不考虑广义任务合成，一个观测任务即对应一个地面目标。

【假设 4-7】   无论主动成像还是被动成像，本章假设卫星观测所有地面目标的成像条带都是匀速推扫的；同一覆盖条带集内的所有成像条带都是等长的，且相互平行。

基于以上问题假设，MOSPFAEOS 可以简化为

$$P = \{St, Et, \mathcal{S}, GT, Con\} \tag{4-1}$$

其中，所有参数定义如下。

（1）$[St, Et]$ 为 P 有效调度时间范围。

（2）$\mathcal{S} = \{\varsigma, |\mathcal{S}| = n_\varsigma\}$ 为 P 考虑的对地观测卫星全体。针对 MOSPFAEOS 特点，本章扩展此参数的属性，每颗对地观测卫星 ς 可以包含三个基本参数：

$$\varsigma = \{Id, tp, A\} \tag{4-2}$$

其中，Id 为 ς 的唯一身份标志，即卫星编号；tp 为卫星相机的类型，本章研究的对地观测卫星是一类光学成像卫星，因此 tp = optical；A 为卫星相机的基本属性。

$$A = \{\theta, \gamma, \pi, \psi, d_0\} \tag{4-3}$$

其中，θ 为卫星相机的视场角，影响成像条带的幅宽；γ、π 及 ψ 分别为卫星的最大滚动角、最大俯仰角及最大偏航角，决定了卫星与地面目标之间的可见性。由于主动成像时卫星观测每个成像条带的持续时长是可变的，考虑成像持续时间过短很难获取有效的卫星图像，本章提出最短成像时长 d_0 的概念，用于剔除过快的对地观测。

（3）$GT = \{gt \,|\, 1 \leq i \leq n_{gt}, |GT| = n_{gt}\}$ 为 P 有效调度时间范围内，待规划的地面目标全集。针对 MOSPFAEOS 特点，本章扩展每个地面目标的属性：

$$gt = \{Id, \omega, s, e, wc, ow\} \tag{4-4}$$

其中，Id 和 ω 分别为 gt 的目标编号和优先级；s 和 e 分别为 gt 可见时间窗口①的

---

① 具有多个可见时间窗口的同一个地面目标将被复制为多个地面目标，它们具有相同的目标编号和不同的可见时间窗口。

开始时间和结束时间；　wc 为 gt 的工件拥堵度（workpiece congestion）[26]，定义如下：

$$gt.wc = \sum_{j=1}^{n} NoD\left(gt_j.\omega \times d_{ij}\right) \tag{4-5}$$

其中，d_{ij} 为地面目标 gt_i 和 gt_j 之间的冲突距离。如果它们之间的冲突不可调节，即二者择一，则 $d_{ij}=1$；如果它们之间的冲突是可以调节的，则 $d_{ij}=0.5$；如果它们之间不存在冲突，则 $d_{ij}=0$。NoD( ) 为一种无量纲化操作，定义如下：

$$NoD(x_i) = \frac{1}{\exp\left(1 - \dfrac{x_i}{\max\limits_{j=1,2,\cdots,n} x_j}\right)} \tag{4-6}$$

其中，x_i 为自变量；$\max\limits_{j=1,2,\cdots,n} x_j$ 为集合 $\left\{x_j | j=1,2,\cdots,n\right\}$ 中 x_i 取值的最大值；n 为集合的自变量取值总数。

ow 为 gt 的观测窗口，定义如下：

$$ow = \left\{Id,way,dos,b,e,\pi_o,\gamma_o,\psi_o,\pi_\infty,\gamma_\infty,\psi_\infty,osList\right\} \tag{4-7}$$

其中，Id 为 ow 的唯一身份标志；way 为对应的成像方式，属于 0-1 变量，$way=0$ 对应被动成像，$way=1$ 对应主动成像；dos 为对应覆盖条带集的成像条带方向，取值范围为[0°, 360°]，当 $way=0$ 时，dos 是无效参数；b 和 e 分别为 ow 的时间跨度，且 [ow.b, ow.e] 必须分布于对应的可见时间窗口 [gt.s, gt.e] 内；$\left\{\pi_o,\gamma_o,\psi_o,\pi_\infty,\gamma_\infty,\psi_\infty\right\}$ 分别为 ow 的开始俯仰角、开始滚动角、开始偏航角、结束俯仰角、结束滚动角及结束偏航角；osList 为覆盖条带集，它所包含的所有成像条带被由左向右或者由右向左依次存放[78, 79]，这取决于最右/左的成像条带与卫星星下线的距离。每个成像条带 os 可以描述为

$$os = \left\{Id,d,sp,ep,\pi_o,\gamma_o,\psi_o,\pi_\infty,\gamma_\infty,\psi_\infty\right\} \tag{4-8}$$

其中，Id 为 os 的编号；d 为 os 的成像时长。根据假设 4-7，同一覆盖条带集内的所有成像条带的成像时长必须相等；sp 和 ep 分别为 os 的开始中心点和结束中心点，用于计算卫星观测成像条带实时的姿态角；$\left\{\pi_o,\gamma_o,\psi_o,\pi_\infty,\gamma_\infty,\psi_\infty\right\}$ 分别为卫星观测 os 的开始俯仰角、开始滚动角、开始偏航角、结束俯仰角、结束滚动角及结束偏航角。

4.1.2　累计成像质量

第 3 章重点关注（全/半）敏捷成像卫星的任务合成，考虑的成像条带都是沿迹成像条带（被动成像），即卫星观测地面目标（更为准确的应该是成像条带）的

过程中必须保持卫星姿态不变。其观测地面目标的成像质量完全取决于观测开始时间[27, 37, 43, 45, 54]，即观测开始时刻的卫星姿态。不考虑第 3 章研究的任务合成时，（全/半）敏捷成像卫星被动成像观测地面的成像质量可以由式（3-4）或者式（3-5）定义。

　　本章研究的全敏捷成像卫星具备主动成像能力，即成像的同时可以调整卫星姿态。主动成像条件下，卫星观测每个成像条带的姿态是实时变化的，导致卫星获取的图像质量也是实时变化的。因此，全敏捷成像卫星观测每个成像条带的成像质量不再简单依赖于观测开始时刻的卫星姿态，而是取决于整个观测成像过程。本章将全敏捷成像卫星的成像质量定义为一个累计量，称为累计成像质量，即

$$Q(\text{ow}) = \frac{\sum_{u \in \text{ow}} q(u)}{\text{MIQ}} \qquad (4\text{-}9)$$

其中，ow 为对应的观测窗口；$q(u)$ 为观测时刻点 (u) 的瞬时成像质量（instant image quality），如式（4-10）所示，Wu 等[20]认为偏航角不会影响成像质量，因此式（4-10）未考虑偏航角；$\sum_{u \in \text{ow}} q(u)$ 为此卫星在 ow 观测地面目标获取的累计成像质量；MIQ 为累计成像质量的上界，用于无量纲化累计成像质量。无量纲化后，累计成像质量 $Q(\text{ow})$ 的取值范围为[0, 1]，且数值越大表示成像质量越高。

$$q(u) = \left(1 - \frac{|\pi(u)|}{90}\right) \times \left(1 - \frac{|\gamma(u)|}{90}\right) \qquad (4\text{-}10)$$

其中，$\pi(u)$ 和 $\gamma(u)$ 分别为观测时刻点 (u) 卫星观测对应成像条带的瞬时姿态角。此外，当 ow.way = 0 时（即被动成像条件下），同一个成像条带内的瞬时成像质量不会改变，式（4-9）则退化成式（3-4）或者式（3-5）。因此，本章定义的累计成像质量计算方法同时适用于主动成像和被动成像。

4.1.3　多条带成像的能源消耗

　　结合假设 4-6，全敏捷成像卫星观测地面目标的过程中只有两个活动，即观测地面目标与姿态机动，因此，其观测地面目标的能源消耗只需要考虑观测能源消耗（energy consumption by observation，EO）和姿态机动能源消耗（energy consumption by attitude conversion，EA）即可，如式（4-11）所示。考虑全敏捷成像卫星特点，我们需要定义一些辅助变量（表 4-1），用于清晰计算这两类能源消耗。

表 4-1　辅助变量定义

变量	定义
E	卫星完成有效调度时间范围内所有观测活动和姿态机动活动的总能源消耗
ot_a	卫星进行主动成像持续时间总和
ot_p	卫星进行被动成像持续时间总和
$\mathrm{at}_{\mathrm{in}}$	卫星在所有地面目标内的多成像条带的姿态机动时间之和
$\mathrm{at}_{\mathrm{out}}$	卫星在所有地面目标间的姿态机动时间之和
eo_a	卫星主动成像的能源消耗功率
eo_p	卫星被动成像的能源消耗功率
ea	卫星调整姿态的能源消耗功率
AGT	所有被规划的地面目标集合

$$E = \mathrm{eo}_a \times \mathrm{ot}_a + \mathrm{eo}_p \times \mathrm{ot}_p + \mathrm{ea} \times (\mathrm{at}_{\mathrm{in}} + \mathrm{at}_{\mathrm{out}}) \tag{4-11}$$

其中，eo_a、eo_p 和 ea 都是常量，主动成像条件下卫星成像的同时需要调整姿态，主动成像的单位能源消耗大于被动成像的单位能源消耗，因此，令 $\mathrm{eo}_p = 0.08\mathrm{W}$，$\mathrm{eo}_a = 0.1\mathrm{W}$，$\mathrm{ea} = 0.05\mathrm{W}$。$\mathrm{ot}_p$、$\mathrm{ot}_a$、$\mathrm{at}_{\mathrm{in}}$ 及 $\mathrm{at}_{\mathrm{out}}$ 的计算方法分别如下：

$$\begin{cases} \mathrm{ot}_p = \sum_{i=1}^{|\mathrm{AGT}|} \sum_{\mathrm{os} \in \mathrm{gt}_i.\mathrm{ow}.\mathrm{osList}} \mathrm{os.d}, & \mathrm{gt}_i.\mathrm{ow}.\mathrm{way} = 0 \\ \mathrm{ot}_a = \sum_{i=1}^{|\mathrm{AGT}|} \sum_{\mathrm{os} \in \mathrm{gt}_i.\mathrm{ow}.\mathrm{osList}} \mathrm{os.d}, & \mathrm{gt}_i.\mathrm{ow}.\mathrm{way} = 1 \end{cases} \tag{4-12}$$

其中，$\sum_{\mathrm{os} \in \mathrm{gt}_i.\mathrm{ow}.\mathrm{osList}} \mathrm{os.d}$ 为卫星观测地面目标 gt_i 的成像持续时间；$|\mathrm{AGT}|$ 为所有被规划的地面目标总数。

令 $\mathrm{gt}_i, \mathrm{gt}_{i+1} \in \mathrm{AGT}$ 为两个任意相邻的被规划的地面目标[①]，且 gt_i 先于 gt_{i+1} 被观测，则卫星从 gt_i 姿态机动到 gt_{i+1} 的耗时为

$$\begin{aligned} \Delta g_{\mathrm{gt}_i \to \mathrm{gt}_{i+1}} = &\left| \mathrm{gt}_{i+1}.\mathrm{ow}.\pi_o - \mathrm{gt}_i.\mathrm{ow}.\pi_\infty \right| + \left| \mathrm{gt}_{i+1}.\mathrm{ow}.\gamma_o - \mathrm{gt}_i.\mathrm{ow}.\gamma_\infty \right| \\ &+ \left| \mathrm{gt}_{i+1}.\mathrm{ow}.\psi_o - \mathrm{gt}_i.\mathrm{ow}.\psi_\infty \right| \end{aligned} \tag{4-13}$$

因此，卫星在所有地面目标间的姿态机动时间之和 $\mathrm{at}_{\mathrm{out}}$ 可以表示为

$$\mathrm{at}_{\mathrm{out}} = \sum_{i=1}^{|\mathrm{AGT}|-1} \mathrm{trans}\left(\Delta g_{\mathrm{gt}_i \to \mathrm{gt}_{i+1}} \right) \tag{4-14}$$

---

① 所有被规划的地面目标按照其观测开始时间升序排列。

其中，$\mathrm{trans}\left(\Delta g_{\mathrm{gt}_i \to \mathrm{gt}_{i+1}}\right)$ 为姿态机动时间。虽然全敏捷成像卫星比半敏捷成像卫星更为灵活，但是它们都是三轴稳定的机动方式。忽略姿态机动速度，它们是没有区别的。另外，据公开数据，我国仅有一颗在轨全敏捷成像卫星，因此，本章的研究直接应用半敏捷成像卫星的姿态机动时间计算（式（3-10））。

记卫星观测地面目标 gt_i 所有成像条带的姿态机动耗时为

$$\Delta T_{\mathrm{gt}_i} = \sum_{i=1}^{|\mathrm{gt}_i.\mathrm{ow}.\mathrm{osList}|-1} \mathrm{trans}\left(\Delta g_{\mathrm{os}_i \to \mathrm{os}_{i+1}}\right) \tag{4-15}$$

其中，$|\mathrm{gt}_i.\mathrm{ow}.\mathrm{osList}|$ 为卫星观测地面目标 gt_i 的覆盖条带总数；$\mathrm{trans}\left(\Delta g_{\mathrm{os}_i \to \mathrm{os}_{i+1}}\right)$ 为任意相邻成像条带之间的姿态机动时间。因此，卫星在所有地面目标内的多成像条带的姿态机动时间之和可以表示为

$$\mathrm{at}_{\mathrm{in}} = \sum_{i=1}^{|\mathrm{AGT}|-1} \Delta T_{\mathrm{gt}_i} \tag{4-16}$$

4.1.4 双目标优化模型

MOSPFAEOS 有三个主要的决策：①地面目标是否被规划；②地面目标被观测的成像方式；③每个地面目标的具体观测窗口。因此，对应的数学模型有三个决策变量，即 x_i、$\mathrm{gt}_i.\mathrm{ow}.\mathrm{way}$ 及 $\mathrm{gt}_i.\mathrm{ow}.\mathrm{b}$。其中，$x_i$ 属于 0-1 变量，当 $x_i = 1$ 时，对应的地面目标 gt_i 被规划观测，否则，当 $x_i = 0$ 时，对应的地面目标 gt_i 未被规划观测；$\mathrm{gt}_i.\mathrm{ow}.\mathrm{way}$ 同样属于 0-1 变量，$\mathrm{gt}_i.\mathrm{ow}.\mathrm{way} = 1$ 对应主动成像，$\mathrm{gt}_i.\mathrm{ow}.\mathrm{way} = 0$ 对应被动成像；$\mathrm{gt}_i.\mathrm{ow}.\mathrm{b}$ 为卫星观测地面目标 gt_i 的观测开始时间，是一个正整数，分布于其对应的可见时间窗口 $[\mathrm{gt}_i.\mathrm{s}, \mathrm{gt}_i.\mathrm{e}]$ 内。

与第 3 章的广义任务合成观测任务规划问题类似，MOSPFAEOS 同样以观测地面目标获取图像收益最大化和能源消耗最小化为优化目标，这两个优化目标都需要结合全敏捷成像卫星观测地面目标的特点进行适应性调整。

由于全敏捷成像卫星的成像质量是累计量，成像质量损失 $f_1(P)$ 被重新定义为

$$f_1(P) = 1 - \frac{\displaystyle\sum_{i=1}^{n_t} x_i \times \mathrm{gt}_i.\omega \times Q(\mathrm{gt}_i.\mathrm{ow})}{\displaystyle\sum_{j=1}^{n_{\mathrm{gt}}} \mathrm{gt}_j.\omega} \tag{4-17}$$

其中，$\displaystyle\sum_{j=1}^{n_{\mathrm{gt}}} \mathrm{gt}_j.\omega$ 代表所有地面目标都被卫星以最大成像质量（$Q = 1$）观测，获取

观测收益，用于无量纲化真实观测收益；$\sum\limits_{i=1}^{n_t} x_i \times gt_i.\omega \times Q(gt_i.ow)$ 为被规划观测的地面目标的真实成像质量之和。

全敏捷成像卫星观测地面目标的过程只有两类活动，即观测地面目标与姿态机动，因此，卫星能源消耗 $f_2(P)$ 被重新定义为

$$f_2(P) = \frac{E}{\text{MEC}} \qquad (4\text{-}18)$$

其中，E 为卫星观测地面目标的真实能源消耗，如式（4-11）所示；MEC 为最大能源消耗，基于所有地面目标都被规划观测，且其成像时长等于其可见时间窗口的长度。MEC 用于无量纲化卫星的真实能源消耗，其定义如下：

$$\text{MEC} = n_{gt} \times eo_a \times \max_{gt_i \in GT}\left(gt_i.e - gt_i.s\right)$$
$$+ \max\text{T} \times \left(1 + \text{MaxOS}\right) \times ea \times n_{gt} \qquad (4\text{-}19)$$

其中，maxT 为最大姿态机动时长，根据式（3-10），令 $\max\text{T} = 100$；$\max\text{T} \times n_{gt}$ 为所有地面目标都被观测时，地面目标之间卫星姿态机动时间之和；$\max\text{T} \times \text{MaxOS} \times n_{gt}$ 为所有地面目标都被观测时，所有地面目标内部多成像条带间的卫星姿态机动时间之和；考虑研究卫星的视场角和姿态机动能力[80]，令 $\text{MaxOS} = 10$ 表示卫星一次观测的最大成像条带数量；$\max_{gt_i \in GT}(gt_i.e - gt_i.s)$ 为所有地面目标的可见时间窗口的最大长度；$eo_a \times \max_{gt_i \in GT}(gt_i.e - gt_i.s)$ 为卫星观测所有地面目标的最大能源消耗。

因此，MOSPFAEOS 数学模型的优化目标为

$$\min F(P) = \left\{ f_1(P), f_2(P) \right\} \qquad (4\text{-}20)$$

这两个优化之间的矛盾同样不是完全不可调和的，共同优化是可能的。同时考虑决策变量取值特点，MOSPFAEOS 是一类典型的离散双目标优化问题[81]。接下来，我们将详细分析 MOSPFAEOS 的约束条件。

第一个约束条件为

$$gt_i.\text{Id} = gt_k.\text{Id} \Rightarrow x_i + x_k \leqslant 1, \qquad 0 \leqslant i, k \leqslant n_{gt} \qquad (4\text{-}21)$$

此约束条件与假设 4-5 对应，表示每个地面目标最多被观测一次。

第二个约束条件为

$$\begin{cases} gt_i.\text{ow.b} \geqslant gt_i.s \\ gt_i.\text{ow.e} \leqslant gt_i.e \end{cases}, \qquad 0 \leqslant i \leqslant n_{gt} \qquad (4\text{-}22)$$

此约束条件将卫星观测每个地面目标的观测窗口限制在其对应的可见时间窗口内。

第三个约束条件为

$$os_j.d \geqslant x_i \times \varsigma.A.d_0, \quad os_j \in gt_i.ow.osList, \quad 0 \leqslant i \leqslant n_{gt} \qquad (4-23)$$

此约束条件用于限制卫星观测每个地面目标的最短成像时长，当且仅当 $x_i = 1$ 时，此约束条件有效。式（4-22）和式（4-23）共同限制了卫星观测地面目标的观测窗口，明确了观测开始时间、结束时间和成像时长。

第四个约束条件为

$$\begin{cases} x_j x_k \times \left(gt_k.ow.b - gt_j.ow.b \right) \leqslant x_j x_k, & \forall k, j \in \left[0, n_{gt} \right] \\ x_j x_k \times \left(gt_j.ow.b - gt_k.ow.e \right) \geqslant x_j x_k \times \text{trans} \left(\Delta g_{gt_k \to gt_j} \right) \end{cases} \qquad (4-24)$$

此约束条件为卫星姿态机动约束。其中，第一个表达式表示任意两个先后被观测的地面目标 gt_k 和 gt_j，且 gt_k 早于 gt_j 被观测；第二个表达式表示它们之间的时间间隔必须大于卫星调整姿态的机动时间。此外，当且仅当 $x_j = x_k = 1$ 时，即 gt_k 和 gt_j 都被规划观测，此约束条件有效。

4.2 算法部件更新

面向 MOSPFAEOS 特点，我们需要调整、更新自适应多目标模因算法（ALNS + NSGA-Ⅱ）的部分部件的流程和构成，升级后的 ALNS + NSGA-Ⅱ的算法流程如图 4-2 所示，伪代码如算例 4-1 所示。

算例 4-1 ALNS + NSGA-Ⅱ的伪代码

Input：待规划地面目标集合（GT）、目标选择概率（RS）、解种群规模（NS）、补偿解规模（NA）及最大迭代次数（MaxIter）

Output：精英种群（Rs）

1:	Repeat -------构造初始解
2:	基于 RS 随机产生 IGT ← GT
3:	采用 RGHA 构造
4:	将 S 插入 Ss
5:	End until Size of（Ss）= NS + NA
6:	采用 NSGA-Ⅱ从 Ss 选择 Rs
7:	Evolution-----解进化
8:	基于自适应调节器选择破坏操作算子和修复操作算子
9:	基于 Rs 产生后代解（Os）
10:	Ss ← Rs + Os
11:	Rs ← Ss
12:	更新自适应调节器
13:	Until 迭代次数达到 MaxIter
14:	Output Rs

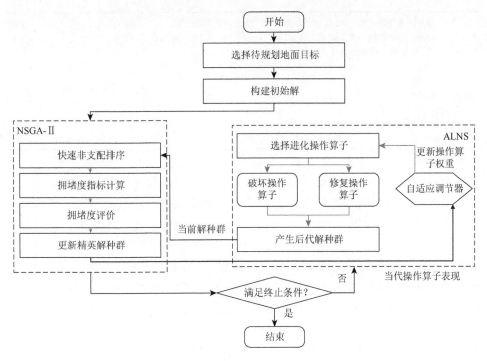

图 4-2　面向 MOSPFAEOS 的 ALNS + NSGA-Ⅱ

　　下面将重点阐述 ALNS + NSGA-Ⅱ的调整或者更新部件、初始解构造算法和进化操作算子。此外，地面目标选择机制、后代解取舍机制、自适应调节器及算法终止条件未发生改变，故不再赘述。

4.2.1　初始解构造

　　面向 MOSPFAEOS 的 ALNS + NSGA-Ⅱ同样使用 RGHA 作为构造初始解的算法。结合 MOSPFAEOS 的特点，本节重新设计 RGHA 的算法流程，其伪代码如算例 4-2 所示。

算例 4-2　RGHA 的伪代码

Input：待规划地面目标集合（IGT）
Output：初始解（S）

1：　　按照优先级降序对 IGT 排序
2：　　Repeat ------确定观测窗口
3：　　　　gt ← IGT
4：　　　　随机确定 gt 的成像条带

5:	根据约束条件（式（4-22）和式（4-23）），确定 gt 的观测窗口
6:	If 满足约束条件（式（4-24））then
7:	将 gt 插入已规划地面目标集合（AGT）
8:	Else
9:	放弃 gt
10:	End if
11:	Until IGT 遍历完全
12:	计算优化目标函数
13:	Return S

此外，算例 4-2 中成像条带划分集合由非沿迹成像条带和沿迹成像条带构成，其中，采用刘晓东等[78]提出的成像条带动态划分方法获取所有沿迹成像条带，采用杨文沅等[79]提出的静态条带划分方法获取非沿迹成像条带。为了分析杨文沅等[79]提出的主动成像条带划分方法——非沿迹包络划分集，本节设计其他三种成像条带划分集合。第一种只考虑沿迹成像条带，称为沿迹划分集；第二种只考虑所有非沿迹成像条带，称为非沿迹划分集；第三种考虑所有成像条带划分，包括非沿迹成像条带和沿迹成像条带，称为完全划分集。其中，非沿迹划分集和完全划分集中的非沿迹成像条带划分时，将成像条带方向取值遍历[0°, 360°]，离散化粒度为 30°。后续仿真实验将重点分析这四种条带划分集合对 MOSPFAEOS 求解的影响，证明非沿迹包络划分集对求解 MOSPFAEOS 的适应性及合理性。

4.2.2　进化操作算子设计

面向 MOSPFAEOS 的特点，本章的 ALNS + NSGA-Ⅱ将只考虑作用于单个解内部的操作算子，按照功能分为破坏操作算子和修复操作算子。通过破坏操作和修复操作改变每个解的结构，以产生自适应的大邻域（adaptive large neighborhood），实现解的进化。其中，破坏操作算子用于改变邻域的构成元素，修复操作算子用于调整邻域内元素的排列并修复对应解。

1. 破坏操作算子

本节设计 R-Destroy、Q-Destroy、E-Destroy 及 C-Destroy 四种引导因子，指导破坏操作算子运行。被移除的地面目标被存放在空间大小给定（$|B|$）的禁忌池 B 中。每次迭代之前，禁忌池都是空的，填满禁忌池是破坏操作算子运行的结束条件。另外，所有未规划的地面目标存储在地面目标池 F 中，所有处在 F 而不在 B 中的地面目标将被修复操作算子选中，用于修复对应的解。

（1）R-Destroy。这个破坏操作算子从给定的解中随机选择一些被规划的地面目标并依次移除。

（2）Q-Destroy。这个破坏操作算子以地面目标被观测的成像质量为引导因子，如式（4-9）所示，将已规划的地面目标按照引导因子升序排列，并依次移除被规划地面目标实现破坏操作。这意味着此破坏操作算子更加偏好移除成像质量较低的被观测地面目标。

（3）E-Destroy。这个破坏操作算子运行的引导因子将考虑观测能源消耗及原始姿态机动能源消耗，记为 GI_E。其中，原始姿态机动是指卫星从零姿态（即俯仰、滚动、偏航都为 0 的状态）机动到卫星观测开始姿态和从卫星观测结束姿态机动到零姿态的姿态机动。以任意地面目标 gt_i 为例，GI_E 可以定义为

$$GI\_E(gt_i) = eo(gt_i) + ea(gt_i) \tag{4-25}$$

其中，$eo(gt_i)$ 和 $ea(gt_i)$ 分别为卫星观测 gt_i 的观测能源消耗和卫星观测 gt_i 的原始姿态机动能源消耗。根据式（4-12），$eo(gt_i)$ 可以定义为

$$eo(gt_i) = \begin{cases} eo_a \times \sum_{os \in gt_i.ow.osList} os.d, & gt_i.ow.way = 1 \\ eo_p \times \sum_{os \in gt_i.ow.osList} os.d, & gt_i.ow.way = 0 \end{cases} \tag{4-26}$$

根据式（4-14），$ea(gt_i)$ 可以定义为

$$ea(gt_i) = ea \times \left(trans\left(\Delta g_{o \to gt_i}\right) + trans\left(\Delta g_{gt_i \to o}\right) \right) \tag{4-27}$$

其中，ea 为卫星姿态机动能源消耗的功率；$o = \{0,0,0\}$ 为卫星的零姿态；$trans\left(\Delta g_{o \to gt_i}\right)$ 为卫星从零姿态机动到卫星观测开始姿态的姿态机动时间；$trans\left(\Delta g_{gt_i \to o}\right)$ 为卫星从卫星观测结束姿态机动到零姿态的姿态机动时间。

E-Destroy 将每个地面目标按照 GI_E 数值降序排列，并依次移除被规划地面目标实现破坏操作。这意味着此破坏操作算子更加偏好移除能源消耗较多的被观测地面目标。

（4）C-Destroy。这个破坏操作算子运行的引导因子将考虑地面目标的工件拥堵度。以任意地面目标 gt_i 为例，其工件拥堵度 $gt_i.wc$ 如式（4-5）所示。

基于 Chang 等[26]的研究，C-Destroy 将每个地面目标按照工件拥堵度数值升序排列，并依次移除被规划地面目标实现破坏操作。这意味着此破坏操作算子更加偏好移除工件拥堵度更大的被观测地面目标。

2. 修复操作算子

所有未规划的地面目标被存放在地面目标池 F 中，所有处于 F 而不在 B 内的地面目标将被修复操作算子选择，插入修复解中，从而产生后代解。其中，修复操作算子调用 RGHA，实现被选择地面目标插入修复解。本节同样设计四种修复操作算子的引导因子。

（1）R-Repair。这个修复操作算子从其对应的邻域中随机选择一些未规划且不在禁忌池 B 中的地面目标，并尝试插入修复解中。

（2）P-Repair。这个修复操作算子以地面目标的优先级为引导因子，将所有处于 F 而不在 B 内的地面目标按照其对应的优先级降序排列，并依次选择地面目标，尝试插入修复解中。这意味着此修复操作算子更加偏好选择优先级更高的地面目标。

（3）L-Repair。这个修复操作算子以地面目标的可见时间窗口的长度为引导因子，记为 GF_L。以任意地面目标 gt_i 为例，GF_L 定义为

$$GF\_L(gt_i) = gt_i.e - gt_i.s \tag{4-28}$$

其中，$gt_i.e$ 和 $gt_i.s$ 分别为 gt_i 的可见时间窗口的结束时间和开始时间。

L-Repair 将所有处于 F 而不在 B 内的地面目标按照其对应的 GF_L 数值升序排列，并依次选择地面目标，尝试插入修复解中。这意味着此修复操作算子更加偏好选择可见时间窗口更短的地面目标。

（4）C-Repair。这个修复操作算子的引导因子是地面目标的工件拥堵度。它将所有处于 F 而不在 B 内的地面目标按照其对应的工件拥堵度数值升序排列，并依次选择地面目标，尝试插入修复解中。这意味着此修复操作算子更加偏好选择工件拥堵度更小的地面目标。

4.3　仿真实验分析

本节将重点分析非沿迹包络划分集对于 MOSPFAEOS 求解的适用性和合理性。此外，本节还分析调整后的自适应多目标模因算法求解 MOSPFAEOS 的效能及所有操作算子的进化。在仿真实验之前，本节设计 MOSPFAEOS 的测试算例的生成方法，并基于此方法产生丰富的测试场景。

此外，ALNS + NSGA-Ⅱ 的一些参数设置如表 4-2 所示。

表 4-2　ALNS + NSGA-Ⅱ 的一些参数设置

参数	含义	数值
NS	所有种群的规模	100
NBest	精英种群的规模	50
NA	补充种群的规模	100
MaxIter	最大迭代次数	200
RS	地面目标选择概率	0.2
TR	禁忌池 B 长度相对已规划的地面目标总数的比例	0.2

续表

参数	含义	数值
σ_1	新解支配所有已有解，操作算子的得分	30
σ_2	新解支配当前帕累托前沿上的一个解，操作算子的得分	20
σ_3	新解是非支配解，处在当前帕累托前沿上，操作算子的得分	10
σ_4	新解被当前帕累托前沿上的所有解支配，操作算子的得分	0
λ	控制权重更新对实时得分敏感度的参数	0.5

4.3.1　测试算例生成

基于本书提出的卫星任务规划问题仿真测试场景构建方法，本节设计两类仿真测试算例：CD 和 WD。其中，CD 包含 10 个仿真场景，每个仿真场景的地面目标数量为 50～500 个，以 50 个为步长，地面目标的中心点均匀分布在中国领土范围；WD 同样包含 10 个仿真场景，每个仿真场景的地面目标数量为 100～1000 个，以 100 个为步长，地面目标的中心点均匀分布在全球。每个地面目标包含的顶点个数服从[3, 6]的均匀分布，其几何图像必须是凸多边形且面积为[40, 2500]km^2。此外，每个地面目标的优先级服从[1, 10]的均匀分布。

本节直接应用高分多模卫星[77]的轨道参数建立测试算例，卫星相机的参数设置如表 4-3 所示。令 MOSPFAEOS 的有效调度时间范围为 24h，计算所有仿真场景的卫星与地面目标的可见时间窗口。

表 4-3　卫星相机的参数设置

参数	数值	参数	数值
$\theta/(°)$	1.72	$\psi/(°)$	90
$\gamma/(°)$	45	d_0/s	5
$\pi/(°)$	45		

4.3.2　非沿迹包络划分效能分析

在分析非沿迹包络划分效能之前，直观感受不同成像条带划分集（包括沿迹划分集、非沿迹划分集、完全划分集和非沿迹包络划分集）对 MOSPFAEOS 求解的影响。本节选择 CD-50、CD-150、WD-100 和 WD-200 共四个仿真场景，基于不同的成像条带划分集，应用 ALNS + NSGA-Ⅱ 分别求解这四个仿真场景，最后获得的帕累托前沿如图 4-3 所示。其中，黑色点线、蓝色点线、红色点线及绿色点线分别对应 ALNS + NSGA-Ⅱ基于沿迹划分集、非沿迹划分集、完全划分集和非沿迹包络划分集求解 MOSPFAEOS 获得的帕累托前沿。

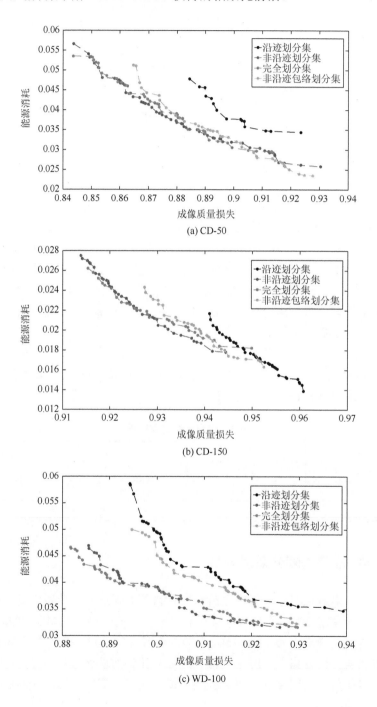

(a) CD-50

(b) CD-150

(c) WD-100

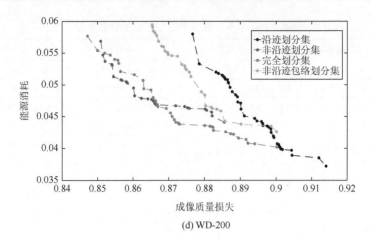

(d) WD-200

图 4-3　基于不同成像条带划分集的帕累托前沿

扫一扫　看彩图

　　观察 ALNS + NSGA-Ⅱ基于不同成像条带划分集求解四个仿真场景从而获得的帕累托前沿位置分布，可以发现，基于沿迹划分集的 ALNS + NSGA-Ⅱ搜索到的解分布于基于其他三个成像条带划分集的 ALNS + NSGA-Ⅱ获取的解的支配空间中，这意味着基于沿迹划分集的 ALNS + NSGA-Ⅱ搜索到的解总是相对最差，低观测收益且高能源消耗。因此，非沿迹成像条带对求解 MOSPFAEOS 的重要性和必要性可见一斑。

　　基于非沿迹划分集和完全划分集的 ALNS + NSGA-Ⅱ获取的帕累托前沿总是非常接近，且总是相对最好。基于非沿迹包络划分集的 ALNS + NSGA-Ⅱ获取的帕累托前沿次之，但是优于基于完全划分集的 ALNS + NSGA-Ⅱ获取的帕累托前沿。因此，仅考虑所搜索解的质量（观测收益和能源消耗），我们没有理由认为非沿迹包络划分集更适合求解 MOSPFAEOS，这将导致 Yang 等[49]的研究变成空中楼阁。

　　由于单独考虑求解质量无法证明非沿迹包络划分集的适应性，本节引入一个新的评价指标——算法运行时间（running time）。算法运行时间是评估求解算法的应用价值的重要指标，特别地，应用于实际工程的算法更加关注算法运行时间[37]。基于不同的成像条带划分集，运行 ALNS + NSGA-Ⅱ求解所有仿真场景，以算法运行时间和超体积（与帕累托前沿作用相似）为评价指标，对比不同成像条带划分集对求解 MOSPFAEOS 的影响，见表 4-4。由于优化目标的标准化操作使超体积变得非常小，本节将所有超体积扩大 1000 倍（记为 h）。此外，为了更显著地表明条带划分集对求解 MOSPFAEOS 的影响，本节将算法运行时间分为成像条带划分耗时（t_p）、观测规划耗时（t_s）及总耗时（t_w）。

表 4-4 基于不同成像条带划分集的评估指标

测试算例	非沿迹包络划分集				沿迹划分集				非沿迹划分集				完全划分集			
	h	t_p/s	t_s/s	t_w/s	h	t_p/s	t_s/s	t_w/s	h	t_p/s	t_s/s	t_w/s	h	t_p/s	t_s/s	t_w/s
CD-50	141.5	33	20	53	113.8	16	17	33	151.3	165	25	190	151.1	189	21	210
CD-100	99.6	77	38	115	73.9	50	17	67	105.6	387	47	434	107.2	421	47	468
CD-150	78.5	107	59	166	58.1	55	35	90	84.5	497	62	559	83.1	542	63	605
CD-200	64.2	126	70	196	46.1	61	52	113	68.5	626	73	699	70.6	677	78	755
CD-250	67.4	183	83	266	49.9	81	64	145	71.2	913	90	1003	71.1	978	91	1069
CD-300	53.3	211	94	305	39.6	100	75	175	59.3	1098	126	1224	62.1	1198	121	1319
CD-350	40.6	265	116	381	29.8	131	87	218	45	1400	142	1542	47.1	1527	146	1673
CD-400	41.4	262	127	389	32.1	110	111	221	46.7	1431	152	1583	47.3	1561	143	1704
CD-450	38.1	356	142	498	30.7	168	115	283	46.9	1890	169	2059	47.1	2086	182	2268
CD-500	34.1	399	169	568	25.9	185	135	320	38.7	2095	193	2288	39.5	2319	193	2512
WD-100	104.7	66	44	110	101.8	28	45	73	110.7	345	50	395	114.3	372	52	424
WD-200	128.7	152	101	253	118.4	107	45	152	142.4	832	105	937	146.3	889	117	1006
WD-300	103.1	210	147	357	99.9	150	89	239	114.8	1250	184	1434	115.3	1328	174	1502
WD-400	108.2	307	205	512	102	192	149	341	116.2	1734	225	1959	118.8	1862	232	2094
WD-500	98.3	526	332	858	89.1	246	215	461	114.4	2533	330	2863	116.4	2935	366	3301
WD-600	118.3	534	339	873	93.5	369	283	652	123.6	3094	422	3516	126.6	3240	400	3640
WD-700	96.8	643	505	1148	79.5	283	376	659	99.7	3410	546	3956	105.1	4316	487	4803
WD-800	86.8	698	496	1194	70.2	332	545	877	91.4	4400	615	5015	96.5	4452	566	5018
WD-900	89.4	864	585	1449	71.1	415	609	1024	95.4	6455	707	7162	98.5	6295	724	7019
WD-1000	91.3	967	679	1646	73.6	414	676	1090	99.2	7596	871	8467	101.6	8712	939	9651

纵观所有仿真场景，基于沿迹划分集（即只考虑沿迹成像条带）的 ALNS + NSGA-Ⅱ获取的超体积总是最小的。这进一步显示了求解 MOSPFAEOS 考虑非沿迹成像条带是十分必要的。

同一仿真场景，基于不同的成像条带划分集合的 ALNS + NSGA-Ⅱ的观测规划耗时差距不大。基于不同的成像条带划分集合的 ALNS + NSGA-Ⅱ的成像条带划分耗时呈现显著差异。基于非沿迹划分集和完全划分集的 ALNS + NSGA-Ⅱ的成像条带划分耗时远多于基于沿迹划分集和非沿迹包络划分集的。这意味着考虑全部成像条带方向（本节只考虑部分离散成像条带方向）的非沿迹条带划分显然不适合求解 MOSPFAEOS。

一方面，基于非沿迹包络划分集的 ALNS + NSGA-Ⅱ搜索到的帕累托前沿（超体积数值）恒优于基于沿迹划分集的，同时与基于非沿迹划分集和完全划分集的效果相当。另一方面，基于非沿迹包络划分集的 ALNS + NSGA-Ⅱ的运行时间与基于沿迹划分集的相仿，且显著少于基于非沿迹划分集和完全划分集的。换而言之，非沿迹包络划分集有效平衡了求解质量和算法运行时间。综合考虑算法运行时间和求解质量，我们有理由认为非沿迹包络划分集非常适合求解 MOSPFAEOS。因此，接下来的仿真实验将只考虑非沿迹包络划分集。

4.3.3　ALNS + NSGA-II 的有效性分析

为了分析 ALNS + NSGA-II 的有效性，本节选择 Yang 等[49]的基于多目标差分进化算法的混合编码（hybrid coding based multi-objective differential evolution algorithm，HCBMDE）为对照算法，HCBMDE 将差分进化算法（differential evolution algorithm，DE）与 NSGA-II 结合。同时，本节将第 3 章设计的 ALNS + CREM（将 CREM 与 ALNS 相结合）也作为对照算法。

本节采用 CD 中的所有仿真场景作为测试算例，针对每个测试算例，分别独立重启 ALNS + NSGA-II、HCBMDE 及 ALNS + CREM 50 次，统计它们获得的最终超体积，绘制如图 4-4 所示的箱线图。其中，黑色箱线、蓝色箱线和绿色箱线分别对应 ALNS + NSGA-II、HCBMDE 和 ALNS + CREM 获得的最终超体积，红色加号表示异常值。此外，为了更加可视化地展示 ALNS + NSGA-II 的有效性，本节选取 CD-100～CD-500 共五个测试算例，绘制 50 次重启中它们的最佳帕累托前沿。

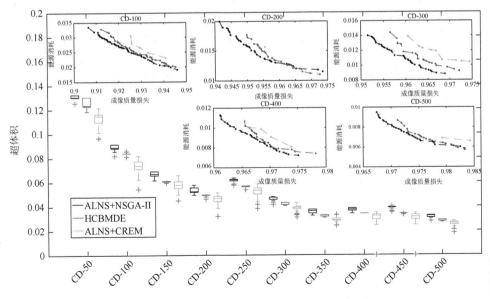

扫一扫　看彩图

图 4-4　ALNS + NSGA-II、HCBMDE 和 ALNS + CREM 的收敛分布

（1）黑色箱线的位置总是高于蓝色箱线和绿色箱线的位置，反映了 ALNS + NSGA-Ⅱ搜索保留的精英解恒优于 HCBMDE 和 ALNS + CREM。

（2）黑色箱线和蓝色箱线的长度总是小于绿色箱线的长度，此外，绿色箱线的红色加号数量远多于黑色箱线和蓝色箱线的红色加号数量。这反映出 ALNS + NSGA-Ⅱ和 HCBMDE 都是求解 MOSPFAEOS 的不错算法，且算法收敛性和稳定性尚佳，ALNS + NSGA-Ⅱ表现显然更佳。

（3）针对五个测试算例，ALNS + NSGA-Ⅱ、HCBMDE 及 ALNS + CREM 获取的帕累托前沿位置进一步反映了 ALNS + NSGA-Ⅱ是最优秀的。一方面，ALNS + NSGA-Ⅱ获取的帕累托前沿总是位于HCBMDE 和 ALNS + CREM 获取的帕累托前沿之下。另一方面，ALNS + NSGA-Ⅱ的帕累托前沿总是最长，帕累托前沿更长意味着精英解种群更为多样化。基于各种性能指标，相比于对照算法，ALNS + NSGA-Ⅱ是求解 MOSPFAEOS 的最佳选择。

4.3.4　操作算子进化

基于 CD 仿真场景中的 CD-100，本节详细分析所有操作算子（破坏操作算子和修复操作算子）的进化。令参数，以 0.1 为步长，且基于不同的 λ，分别重启 ALNS + NSGA-Ⅱ求解 CD-100 的 MOSPFAEOS 50 次。基于不同的 λ，所有操作算子的最终权重如图 4-5 所示。

基于参数 λ 的不同取值，每个操作算子（破坏操作算子和修复操作算子）的最终权重的平均值皆处于相同水平线附近，其对应权重为 0.25，这意味着所有操作算子的应用效果和进化对参数 λ 取值不敏感。因此，本节设置 $\lambda = 0.5$ 是合理的。

此外，箱线图中的箱子长度表示对应数值的离差，箱子越长，离差越大。修复操作算子对应的箱子总是长于破坏操作算子对应的箱子，因此，破坏操作算子的表现更加稳定。

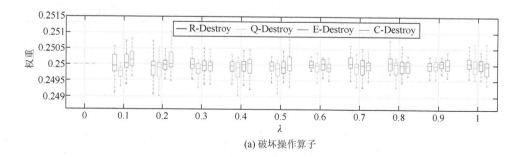

(a) 破坏操作算子

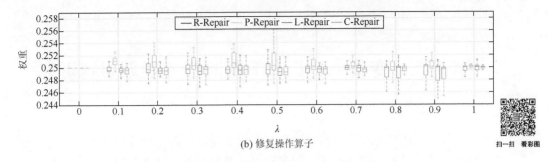

(b) 修复操作算子

扫一扫　看彩图

图 4-5　参数 λ 数值与操作算子最终权重的关系

　　破坏操作算子和修复操作算子必须成对使用。当参数 $\lambda = 0.5$ 时，C-Destroy 的最终权重平均值略大于其他破坏操作算子的最终权重平均值，P-Repair 相对其他修复操作算子表现更加优秀。因此，C-Destroy 和 P-Repair 结合使用将有利于算法更快地搜索到更好的解。

4.4　本 章 小 结

　　本章深入研究 MOSPFAEOS，提出了一个新的 MOSPFAEOS 解决方案框架——非沿迹包络划分集。大量仿真实验分析证明了非沿迹包络划分集的有效性、适用性及合理性，它在保证问题求解质量的同时未消耗更多的算法运行时间。本章的研究有力支撑了全敏捷成像卫星应用于应急管理，快速、高效地提供丰富多样的支援信息，辅助应急管理部门的决策。

　　对比 HCBMDE 和 ALNS＋CREM，本章的自适应多目标模因算法（ALNS＋NSGA-Ⅱ）能够更具鲁棒性地搜索到更好、更多样的解，更加适合求解 MOSPFAEOS。

　　此外，应用第 2 章提出的卫星任务规划问题仿真测试场景构建方法，本章生成了 MOSPFAEOS 的测试算例，丰富了相关求解算法研究的测试样本。

第 5 章　变成像时长成像观测任务规划问题研究

本章研究的对地观测卫星也是高分多模卫星，具备主动成像能力[26]，在一个点目标的整个可见时间窗口内，卫星可以一直盯着这个地面目标（实际工程中称为凝视或者动态监视工作模式[77]），持续不断地获取其一段时间内的遥感信息，如图 5-1（a）所示。一段时间内连续的遥感信息显然更有价值，也更有助于支援应急管理。为充分挖掘全敏捷成像卫星获取地面目标连续遥感信息的能力，本章研究变成像时长成像观测任务规划问题。

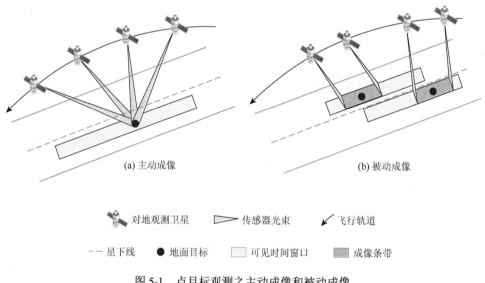

（a）主动成像　　　　　　　　　　　　（b）被动成像

🛰 对地观测卫星　　▷ 传感器光束　　↙ 飞行轨道

-- 星下线　　● 地面目标　　▢ 可见时间窗口　　▨ 成像条带

图 5-1　点目标观测之主动成像和被动成像

随着卫星平台姿态机动能力的不断提升，其观测地面目标的成像方式日益复杂，OSPFEOS 需要解决、关注的主要问题也在不断演变。非敏捷成像 OSPFEOS 只需要决策"地面目标是否执行"，而且卫星平台的其他硬件分系统（如电源分系统、存储分系统）的性能相对较差，通常一轨卫星只能开机工作一次，且一次开机只能观测一个地面目标。因此，非敏捷成像 OSPFEOS 只是一个简单的选择问题[2, 22-24, 34, 39, 41, 42, 48, 80, 82-86]。此外，非敏捷成像卫星时期，依靠人力手动即可快速制订其成像执行方案。卫星系统发展到半敏捷成像时期，卫星其他硬件分系统（如电源分系统、存储分系统）的性能有所提升，不论是能源还是存储资源都可以满足一轨多次开机、多次观测的需求，OSPFEOS 变得非常复杂，不再是简单的选择问题。许多学者[25, 37, 53, 82, 87, 88]把半敏捷成像 OSPFEOS 转换为多维背包、组合优化、时间依赖调度等典型的优化问题。

卫星系统发展到全敏捷成像时期，卫星能够实现主动成像（即卫星对地观测过程中可以调整卫星姿态），卫星其他分系统的性能同样得到了相应的提升，因此卫星对地面目标的观测机会更多，成像方式更多样化，一次过境[37]能够观测的地面目标类型更为丰富，包括点目标（图 1-9（a））、区域目标（图 1-9（b））和线目标（图 1-9（c）），能够提供更为丰富的支援信息，支撑应急管理做出更为准确的决策。观测任务类型的丰富化给 OSPFEOS 求解提出了更严峻的挑战。本章将重点研究针对点目标的 OSPFAEOS，即 OSPFAEOS-VID。

主动成像条件下，卫星可以实现全可见时间窗口观测地面目标，这意味着卫星观测地面目标的成像时长是可变的。被动成像条件下，卫星观测地面目标的成像时长是固定的、预设的，如图 5-1（b）所示。可变的成像时长增加了卫星任务规划的优化维度，使问题的建模、描述变得更加复杂，导致问题的求解更具挑战性。

Chang 等[26]初步研究了 OSPFAEOS-VID，探究了影响卫星观测地面目标的成像时长变化规律，基于丰富的仿真实验分析，归纳了 3 条启发式知识，用于辅助、指导全敏捷成像卫星观测地面目标的成像时长快速设置。

（1）启发式知识 1。地面目标的工件拥堵度（式（4-5））相同时，高优先级的地面目标应该被分配更长的成像时长，低优先级的地面目标应该被分配更短的成像时长，以获取更高的观测收益。

（2）启发式知识 2。控制其他地面目标的成像时长不变，具备更大工件拥堵度的地面目标，随着其成像时长增加，更多的待规划地面目标被舍弃。

（3）启发式知识 3。所有地面目标的成像时长都相等时，当分配的标准成像时长（standard imaging duration，$\overline{tp}$）为 $[0.5, 0.9]$ 时，卫星的观测收益总能得到最大值。

Chang 等[26]初步探究了 OSPFAEOS-VID，重点关注如何设置卫星观测地面目标的成像时长，最后还是将 OSPFAEOS-VID 转化为传统 OSPFEOS，即卫星观测每个地面目标的成像时长是固定的、预设的，而且研究过于简化，甚至停留在问题分析阶段，研究特点如下。

（1）该研究假设卫星观测不同地面目标之间的姿态机动时间不具有时间依赖特性，只与地面目标的地理位置有关，即地面目标确定的情况下，卫星观测任意两个地面目标之间的姿态机动时间是固定不变的。实际上，半敏捷成像卫星和全敏捷成像卫星的姿态机动时间都是高度时间依赖的[37]，因此，这个假设显然无法用于进一步的研究。

（2）该研究认为卫星观测地面目标的成像质量恒定不变。本书第 3 章的研究显示了全敏捷成像卫星观测地面目标的过程中卫星观测地面目标的成像质量始终是变化的；第 4 章定义了累计成像质量用于描述全敏捷成像卫星观测地面目标的成像质量（式（4-9））。

（3）该研究未考虑卫星的能源消耗，认为卫星能源总是充足有效的。进一步的研究，特别是面向实际工程应用的研究，势必要注意卫星能源消耗问题。

（4）该研究设计的求解算法是一类简单的启发式构造算法，过于简单、缺乏搜索寻优的能力，而且没有与已有算法进行对比。

以 Chang 等[26]的研究成果为基础，本章将深入研究 OSPFAEOS-VID。从工程实际应用出发，充分考虑卫星观测地面成像质量、卫星能源消耗及时间依赖的姿态机动时间，本章的主要工作如下。

（1）考虑累计成像质量和卫星能源消耗，建立一类离散双目标优化模型用于描述 OSPFAEOS-VID。

（2）结合 OSPFAEOS-VID 的特点，设计三个多目标模因算法：PD + NSGA-II、LA + NSGA-II 和 ALNS + NSGA-II。

（3）以 Chang 等[26]的研究成果为基础，本章设计一系列操作算子用于提升上述三个多目标模因算法的搜索优化能力。

5.1　数　学　建　模

本节首先梳理一些合理假设，用于标准化 OSPFAEOS-VID；然后以累计成像质量和卫星能源消耗为优化目标，将 OSPFAEOS-VID 构建为一类离散双目标优化模型。

5.1.1　问题构成

结合 Chang 等[26]的研究和实际工程应用需要，本节提出一些合理的问题假设，有效剔除与本章研究问题无关的因素，从而简化并标准化 OSPFAEOS-VID。

【假设 5-1】　虽然卫星的偏航角影响卫星成像质量，但是修正偏航角是卫星姿态规划的研究重点[20]，并不是卫星成像观测任务规划的研究重点。因此，本章假设卫星成像过程中其偏航角保持不变。

【假设 5-2】　本章假设在可见时间窗口的任意时刻点，卫星的任意姿态机动都是可行的。

【**假设 5-3**】　本章的研究对象是一颗全敏捷光学成像卫星——高分多模卫星[77]。

【**假设 5-4**】　本章假设卫星的星上储存能力充足有效，求解 OSPFAEOS-VID 的过程中不需要考虑 SIDSP。

【**假设 5-5**】　本章只考虑点目标，卫星可以在一次过境完全观测覆盖它们。

【**假设 5-6**】　鉴于需要观测的地面目标数量相对于卫星能够观测的数量是冗余的[47]，本章假设每个地面目标至多只需要被观测一次。

【**假设 5-7**】　本章假设卫星相机一直处于开机状态，即不考虑任务合成，一个观测任务即对应一个地面目标。

基于以上问题假设，OSPFAEOS-VID 的描述形式与第 4 章的描述方法一致：

$$P = \{\text{St,Et}, \mathcal{S}, \text{GT}, \text{Con}\} \tag{5-1}$$

其中，面向 OSPFAEOS-VID，部分参数的表达形式发生了变化。

（1）$[\text{St, Et}]$ 为 P 有效调度时间范围。

（2）$\mathcal{S} = \{\varsigma, |\mathcal{S}| = n_\varsigma\}$ 为 P 考虑的对地观测卫星全体。与第 4 章的定义完全一致，故这里不再赘述。

（3）$\text{GT} = \{\text{gt} \,|\, 1 \leqslant i \leqslant n_{\text{gt}}, |\text{GT}| = n_{\text{gt}}\}$ 为 P 有效调度时间范围内，待规划的地面目标全集。面向 OSPFAEOS-VID 的特点，本章调整每个地面目标的属性：

$$\text{gt} = \{\text{Id}, \omega, d_0, c_0, w, \text{ow}\} \tag{5-2}$$

其中，Id 和 ω 分别为 gt 的目标编号和优先级；d_0 为 gt 的最短成像时长，得益于主动成像，卫星可以获取连续一段时间内的点目标的遥感信息，应急管理部门可以根据应用需求提出最短成像时长的要求；c_0 为 gt 的工件拥堵度[26]，如式（4-5）所示；w 和 ow 分别为 gt 的可见时间窗口和观测窗口，而且 ow 分布于 w 内。此外，本章扩展第 3 章广义任务合成观测任务规划问题的可见时间窗口变量描述方式：

$$w = \{\text{Id}, s, e, b_0, \text{rList}, \text{pList}\} \tag{5-3}$$

其中，$\{\text{Id}, s, e, \text{rList}, \text{pList}\}$ 与第 3 章广义任务合成观测任务规划问题的可见时间窗口参数含义相同，Id 为 w 的唯一身份标志，区分每个地面目标的多个可见时间窗口，s 和 e 分别为 w 的开始时间和结束时间，rList 和 pList 分别为 w 内的所有卫星滚动角和俯仰角。此外，本章以整秒为粒度离散可见时间窗口，每个离散时刻点对应姿态角。b_0 为可见时间窗口内卫星成像质量最大的观测时刻。

面向 OSPFAEOS-VID 的特点，本章调整观测窗口参数的描述方式：

$$\text{ow} = \{b, e, d, p_o, \gamma_o, p_\infty, \gamma_\infty\} \tag{5-4}$$

其中，b 和 e 分别为 ow 的开始时间和结束时间；d 为卫星观测地面目标 gt_i 的真实成像时长，且必须满足 $d \geqslant gt_i.d_0$ ； p_o 、 γ_o 、 p_∞ 及 γ_∞ 分别为 ow 的开始俯仰角、开始滚动角、结束俯仰角及结束滚动角。

5.1.2　变成像时长的能源消耗

与第 4 章的多条带成像类似，卫星观测地面目标同样涉及两类基本活动，即观测地面目标与姿态机动。本章主要考虑点目标，不存在多条带，且卫星观测点目标都是主动成像，因此，本章的卫星能源消耗计算方法简化为

$$E = \text{eo} \times \text{ot} + \text{ea} \times \text{ct} \tag{5-5}$$

其中， E 为卫星完成有效调度时间范围内所有观测活动和姿态机动活动的总能源消耗；ot 和 ct 分别为卫星观测地面目标的成像时长之和与卫星在所有地面目标间的姿态机动时间之和； eo 和 ea 分别为卫星观测地面目标的能源消耗功率和卫星调整姿态的能源消耗功率，根据第 4 章的卫星能源消耗定义，本章令 eo = 0.08W ， ea = 0.05W 。此外， ot 和 ct 的计算方法分别如下：

$$\text{ot} = \sum_{i=1}^{|GT|} gt_i.\text{ow.d} \tag{5-6}$$

其中， $gt_i.\text{ow.d}$ 为卫星观测地面目标 gt_i 的真实成像时长； $|GT|$ 为所有被规划的地面目标总数。

令 $gt_i, gt_{i+1} \in GT$ 为两个任意相邻的被规划的地面目标[①]，且 gt_i 早于 gt_{i+1} 被观测，则卫星从 gt_i 姿态机动到 gt_{i+1} 的耗时为

$$\Delta g_{gt_i \to gt_{i+1}} = \left| gt_{i+1}.\text{ow.}p_o - gt_i.\text{ow.}p_\infty \right| + \left| gt_{i+1}.\text{ow.}\gamma_o - gt_i.\text{ow.}\gamma_\infty \right| \tag{5-7}$$

因此，卫星在所有地面目标间的姿态机动时间之和 ct 可以表示为

$$\text{ct} = \sum_{i=1}^{|GT|-1} \text{trans}\left(\Delta g_{gt_i \to gt_{i+1}} \right) \tag{5-8}$$

其中， $\text{trans}\left(\Delta g_{gt_i \to gt_{i+1}} \right)$ 为姿态机动时间。诚如第 4 章所述，全敏捷成像卫星和半敏捷成像卫星都是三轴稳定的机动方式，忽略姿态机动速度，它们是没有区别的。另外，考虑我国仅有一颗在轨全敏捷成像卫星[77]。因此，本章同样直接应用半敏捷成像卫星的姿态机动时间计算（式（3-10））。

5.1.3　双目标优化模型

OSPFAEOS-VID 有三个层面的决策：①地面目标是否被规划；②地面目标的

---

① 所有被规划的地面目标按照其观测开始时间升序排列。

观测开始时间；③地面目标的真实成像时长。因此，对应的数学模型有三个决策变量，即 x_i、$\mathrm{gt}_i.\mathrm{ow.b}$ 及 $\mathrm{gt}_i.\mathrm{ow.d}$。其中，$x_i$ 属于 0-1 变量，当 $x_i=1$ 时，对应的地面目标 gt_i 被规划观测，否则，当 $x_i=0$ 时，对应的地面目标 gt_i 未被规划观测；$\mathrm{gt}_i.\mathrm{ow.b}$ 为卫星观测地面目标 gt_i 的观测开始时间，是一个正整数，分布于其对应的可见时间窗口 $\mathrm{gt}_i.\mathrm{w}$ 内；$\mathrm{gt}_i.\mathrm{ow.d}$ 为卫星观测地面目标 gt_i 的真实持续时长，同样是一个正整数，必须同时满足 $\mathrm{gt}_i.\mathrm{ow.d} \geqslant \mathrm{gt}_i.\mathrm{d}_0$ 和 $\mathrm{gt}_i.\mathrm{ow.d} \leqslant \mathrm{gt}_i.\mathrm{w.e} - \mathrm{gt}_i.\mathrm{w.s}$。

　　与第 4 章的研究对象相同，本章 OSPFAEOS-VID 研究的也是全敏捷成像卫星，因此，OSPFAEOS-VID 同样以观测地面获取图像收益最大化和能源消耗最小化为优化目标。此外，不考虑能源消耗无量纲化方法的区别，两个优化目标定义方式与第 4 章的完全相同。

$$\min F(P) = \left\{ f_1(P), f_2(P) \right\} \tag{5-9}$$

其中，$f_1(P)$ 和 $f_2(P)$ 分别为成像质量损失和卫星能源消耗。$f_1(P)$ 定义为

$$f_1(P) = 1 - \frac{\displaystyle\sum_{i=1}^{n_t} x_i \times \mathrm{gt}_i.\omega \times Q(\mathrm{gt}_i.\mathrm{ow})}{\displaystyle\sum_{j=1}^{n_{\mathrm{gt}}} \mathrm{gt}_j.\omega} \tag{5-10}$$

$f_2(P)$ 定义为

$$f_2(P) = \frac{E}{\mathrm{MEC}} \tag{5-11}$$

　　基于 OSPFAEOS-VID 的卫星能源消耗计算方法的调整，MEC 的计算公式需要做出相应的改变：

$$\mathrm{MEC} = \sum_{j=1}^{n_{\mathrm{gt}}} \left(\mathrm{eo} \times \left(\mathrm{gt}_j.\mathrm{w.e} - \mathrm{gt}_j.\mathrm{w.s} \right) \right) + \mathrm{maxT} \times \mathrm{ea} \times n_{\mathrm{gt}} \tag{5-12}$$

其中，maxT 为最大姿态机动时长，根据式（3-10），本章同样令 $\mathrm{maxT}=100$；$\mathrm{maxT} \times n_{\mathrm{gt}}$ 为所有地面目标都被观测时，地面目标之间卫星进行姿态机动的最大时间之和；$\left(\mathrm{gt}_j.\mathrm{w.e} - \mathrm{gt}_j.\mathrm{w.s} \right)$ 为地面目标 gt_j 的可见时间窗口的长度，$\displaystyle\sum_{j=1}^{n_{\mathrm{gt}}} \left(\mathrm{eo} \times \left(\mathrm{gt}_j.\mathrm{w.e} - \mathrm{gt}_j.\mathrm{w.s} \right) \right)$ 为卫星观测所有地面目标的最大能源消耗。接下来，我们将详细分析 OSPFAEOS-VID 的约束条件。

　　第一个约束条件为

$$x_i \leqslant 1, \qquad 0 \leqslant i \leqslant n_{\mathrm{gt}} \tag{5-13}$$

此约束条件与假设 5-6 对应，表示每个地面目标最多被观测一次。

　　第二个约束条件为

$$\begin{cases} gt_j.ow.b \geqslant gt_j.w.s \\ gt_k.ow.e \leqslant gt_j.w.e \end{cases}, \quad 0 \leqslant j \leqslant n_{gt} \tag{5-14}$$

此约束条件将卫星观测每个地面目标的观测窗口限制在其对应的可见时间窗口内。

第三个约束条件为

$$gt_i.ow.d \geqslant x_i \times gt_i.d_0, \quad 0 \leqslant i \leqslant n_{gt} \tag{5-15}$$

此约束条件用于限制卫星观测每个地面目标的最短成像时长，当且仅当 $x_i = 1$ 时，此约束条件有效。式（5-14）和式（5-15）共同限制了卫星观测地面目标的观测窗口，明确了观测开始时间、结束时间和成像时长。

第四个约束条件为

$$\begin{cases} x_j x_k \times \left(gt_k.ow.b - gt_j.ow.b \right) \leqslant x_j x_k, & \forall k,j \in \left[0, n_{gt} \right] \\ x_j x_k \times \left(gt_j.ow.b - gt_k.ow.e \right) \geqslant x_j x_k \times \text{trans}\left(\Delta g_{gt_k \to gt_j} \right) \end{cases} \tag{5-16}$$

此约束条件为卫星姿态机动约束。其中，第一个表达式表示任意两个先后被观测的地面目标 gt_k 和 gt_j，且 gt_k 早于 gt_j 被观测；第二个表达式表示它们之间的时间间隔必须大于卫星调整姿态的机动时间。此外，当且仅当 $x_j = x_k = 1$ 时，即 gt_k 和 gt_j 都被规划观测，此约束条件才有效。

5.2　三个多目标模因算法设计

Wolfe 和 Sorensen[28]于 2000 年首次公开研究 OSPFAEOS，他们认为卫星观测地面目标的成像时长是可变的，其取值范围为 $[d_{min}, d_{max}]$，并设计了三个求解算法，优先级调度算法（priority dispatch algorithm，PD）、前瞻算法（look ahead algorithm，LA）和遗传算法（genetic algorithm，GA），仿真实验显示 PD 和 LA 都可以较快速地构造出可行解甚至满意解，GA 耗时较大。

本章将 PD 和 LA 应用于本书设计的多目标模因算法架构中，用于产生后代解种群，获得两个新的多目标模因算法——PD + NSGA-II 和 LA + NSGA-II。加上之前的自适应多目标模因算法——ALNS + NSGA-II，本章构造三个 OSPFAEOS-VID 求解算法，其基本流程如图 5-2 所示。

本节将重点阐述 PD + NSGA-II 和 LA + NSGA-II 的算法设计及 ALNS + NSGA-II 的调整和部件更新，包括初始解构造算法和进化操作算子。其中，多目标模因算法的地面目标选择机制、后代解取舍机制、自适应调节器及算法终止条件未发生改变，故不再赘述。

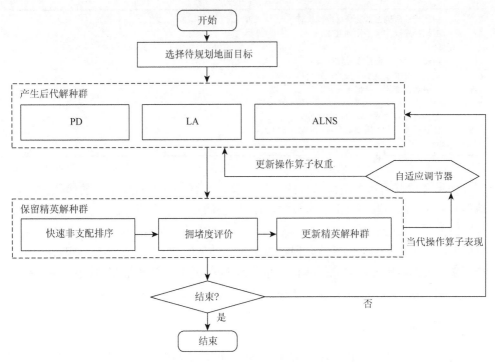

图 5-2　三个多目标模因算法基本流程

5.2.1　PD + NSGA-Ⅱ 和 LA + NSGA-Ⅱ 算法设计

　　根据 Wolfe 和 Sorensen[28]的描述，PD 和 LA 都属于贪心算法，没有回溯（backtracking）操作。PD 和 LA 包含三个阶段，即排序（sorting）、调度（scheduling）及扩展（expanding），算法原理非常容易被理解。其中，排序主要用于将需要观测的地面目标按照不同的引导因子排序；调度针对排好的地面目标序列，确定实际被观测的地面目标、对应的观测时序及卫星姿态等；扩展用于修正被规划的地面目标的成像时长，基于观测时序不变，保证被规划的地面目标的成像时长达到最大。LA 是基于 PD 的改造升级，调整了调度阶段的算法原理，保证每一个地面目标的调度阶段结果都是局部最优的。除此之外，PD 和 LA 的算法原理基本一致。本节以 PD 为例，详细阐述算法设计，其算法伪代码如算例 5-1 所示。

算例 5-1　PD 的伪代码

Input：待规划地面目标集合（IGT）
Output：初始解（S）和已规划地面目标集合（GT）

1：　　排序阶段

2:	根据自适应调节器选择排序操作算子
3:	根据排序操作算子排列 IGT
4:	调度阶段
5:	给每个目标分配最短成像时长 d_0
6:	依次二分确定每个目标的观测窗口
7:	将成功调度的目标插入 GT
8:	扩展阶段
9:	根据自适应调节器选择扩展操作算子
10:	依次扩展每个已规划地面目标的成像时长
11:	Output S

如果考虑遍历每个地面目标的成像时长，则算例 5-1 对应 LA 的伪代码。以地面目标 gt 为例，遍历其成像时长的操作可表示为，从最大值开始尝试成像时长 d，且取值范围为 $\left[gt.d_0, (gt.w.e - gt.w.s) \right]$，一旦规划成功，则跳出调度阶段。因此，LA 可以保证每个地面目标的调度阶段结果都是局部最优的，但是这显然是很耗时的。接下来，我们将重点阐述算例 5-1 中的关键组成，即排序操作算子（sort operator）、二分调度（dichotomization scheduling）及扩展操作算子（expand operator）。

1. 排序操作算子

本节设计 R-Sort、P-Sort、E-Sort 及 C-Sort 共 4 类引导因子，指导排序操作算子运行。其中，P-Sort 和 C-Sort 是基于 Chang 等[26]研究中的启发式知识设计的。

（1）R-Sort。这个排序操作算子随机排列需要观测的地面目标。

（2）P-Sort。这个排序操作算子的引导因子综合考虑地面目标的优先级和用户设定的最短成像时长，记为 GF_P。以任意地面目标 gt_i 为例，其引导因子可以定义为

$$GF\_P(gt_i) = \frac{gt_i.d_0}{gt_i.\omega} \tag{5-17}$$

其中，$gt_i.d_0$ 和 $gt_i.\omega$ 分别为 gt_i 的最短成像时长和优先级。

根据 Chang 等[26]研究的第二个启发式知识，P-Sort 将按照每个地面目标的 GF_P 数值升序排列需要观测的地面目标。这意味着 P-Sort 偏好将高优先级的地面目标置于队首。

（3）E-Sort。这个排序操作算子以地面目标的原始能源消耗为引导因子，记为 GF_E。原始能源消耗是指卫星以地面目标最短成像时长观测它所消耗的能源。以任意地面目标 gt_i 为例，其引导因子可以定义为

$$GF\_E(gt_i) = ROE(gt_i) + OTE(gt_i) \tag{5-18}$$

其中，$ROE(gt_i)$ 和 $OTE(gt_i)$ 分别为卫星观测 gt_i 的原始成像能源消耗和原始姿态机动能源消耗。

$$ROE(gt_i) = gt_i.d_0 \times eo \tag{5-19}$$

其中，eo 为卫星观测地面目标的能源消耗功率；$gt_i.d_0$ 为地面目标 gt_i 的最短成像时长。

$$OTE(gt_i) = ec \times \left(trans\left(\Delta g_{o \to gt_i}\right) + trans\left(\Delta g_{gt_i \to o}\right) \right) \tag{5-20}$$

其中，ec 为卫星调整姿态的能源消耗功率；$o = \{0,0,0\}$ 为卫星的零姿态；$trans\left(\Delta g_{o \to gt_i}\right)$ 为卫星从零姿态机动到卫星观测开始姿态的姿态机动时间；$trans\left(\Delta g_{gt_i \to o}\right)$ 为卫星从观测结束姿态机动到零姿态的姿态机动时间。

E-Sort 将按照每个地面目标的 GF_E 数值升序排列需要观测的地面目标。这意味着 E-Sort 偏好将能源消耗更低的地面目标置于队首。

（4）C-Sort。这个排序操作算子运行的引导因子将考虑地面目标的工件拥堵度，如式（4-5）所示。基于 Chang 等[26]研究的第一个启发式知识，C-Sort 按照每个地面目标的工件拥堵度数值升序排列需要观测的地面目标。这意味着 C-Sort 偏好将工件拥堵度更低的地面目标置于队首。

2. 二分调度

二分调度流程如算例 5-2 所示。为了更好、更准确地定义二分调度的算法流程，本节定义一些辅助变量，如表 5-1 所示。

算例 5-2　二分调度流程

步骤 1　令 TB = HB 并判断可行性。如果约束条件都满足，则以成功结束调度阶段。否则，令 TB = EB 并判断可行性。如果约束条件都满足，则令 LB = HB 并更新 $HB = \dfrac{LB + EB}{2}$ 转到步骤 2。否则，令 TB = LB 并判断可行性。如果约束条件都满足，则令 EB = HB 并更新 $HB = \dfrac{LB + EB}{2}$ 转到步骤 3。否则，以失败结束调度阶段。

步骤 2　令 TB = HB 并判断可行性。如果约束条件都满足，则令 EB = HB，否则，令 LB = HB。更新 $HB = \dfrac{LB + EB}{2}$。如果 EB = LB，则结束步骤 2，否则，重复步骤 2。

步骤 3　令 TB = HB 并判断可行性。如果约束条件都满足，则令 LB = HB，否则，令 EB = HB。更新 $HB = \dfrac{LB + EB}{2}$。如果 EB ≥ LB，则结束步骤 3，否则重复步骤 3

表 5-1　辅助变量定义（一）

变量	定义
TB	观测窗口 OW 的真实观测开始时刻
HB	观测窗口 OW 的成像质量最高的观测开始时刻
EB	当前有效可见时间窗口内，观测窗口 OW 的最早开始时刻
LB	当前有效可见时间窗口内，观测窗口 OW 的最晚开始时刻

以任意地面目标 gt_i 为例，gt_i 的二分调度开始时，上述四个变量的赋值如下：

$$TB = Null$$

$$HB = gt_i.w.b_0 - \frac{gt_i.d_0}{2}$$

$$EB = gt_i.w.s$$

$$LB = gt_i.w.e - gt_i.d_0$$

二分调度从对应地面目标 gt_i 最佳成像质量的观测窗口开始，依次尝试遍历地面目标的整个可见时间窗口，一旦满足所有约束条件，则停止对当前地面目标 gt_i 的二分调度。此外，二分调度借鉴了二分法的思想，有效缩短了调度阶段的算法耗时。

3. 扩展操作算子

与排序操作算子相对应，本节设计 R-Expand、P-Expand、E-Expand 及 C-Expand 共四种扩展操作算子的引导因子，用于指导修正地面目标的成像时长的顺序。

（1）R-Expand。这个扩展操作算子随机排列已规划的地面目标，并依次尝试扩展它们的成像时长。

（2）P-Expand。这个扩展操作算子的引导因子如式（5-17）所示，还需要将 $gt_i.d_0$ 替换成 $gt_i.d$。P-Expand 按照引导因子升序排列已规划的地面目标，然后依次尝试扩展它们的成像时长。

（3）E-Expand。这个扩展操作算子的引导因子如式（5-18）所示，此外，ROE 和 OTE 的计算需要基于真实观测窗口。E-Expand 按照引导因子升序排列已规划的地面目标，然后依次尝试扩展它们的成像时长。

（4）C-Expand。这个扩展操作算子的引导因子将考虑地面目标的工件拥堵度。C-Expand 按照引导因子升序排列已规划的地面目标，然后依次尝试扩展它们的成像时长。

为了更好、更准确地定义二分扩展（dichotomization expanding）的算法流程，如算例 5-3 所示，本节定义一些辅助变量，如表 5-2 所示。

算例 5-3　二分扩展算法流程

Input：已规划的地面目标集合（GT），且按照其观测开始时间升序排列
Output：扩展修正后的已规划的地面目标集合（GT）

步骤 1　依次选择 $gt_i \leftarrow GT$。

步骤 2　计算 $slack_R$、$slack_L$、$remain_R$ 和 $remain_L$。如果 $remain_R = 0$ 和 $remain_L = 0$，转到步骤 1，否则转到步骤 3。

步骤 3　计算从紧前地面目标 gt_{i-1} 机动到 gt_i 的机动时间 $trans\left(\Delta g_{gt_{i-1} \to gt_i}\right)$，如果 gt_i 在队首，则 $trans\left(\Delta g_{gt_{i-1} \to gt_i}\right) = trans\left(\Delta g_{o \to gt_i}\right)$。计算 gt_i 机动到紧后地面目标 gt_{i+1} 的机动时间 $trans\left(\Delta g_{gt_i \to gt_{i+1}}\right)$，如果 gt_i 在队

尾，则 $\text{trans}\left(\Delta g_{\text{gt}_i \to \text{gt}_{i+1}}\right) = \text{trans}\left(\Delta g_{\text{gt}_i \to o}\right)$ 。

步骤 4　扩展可行性判断。如果 $\text{trans}\left(\Delta g_{\text{gt}_{i-1} \to \text{gt}_i}\right) = \text{slack}_R$，$\text{gt}_i$ 无法向右边扩展其成像时长，否则转到步骤 5。如果 $\text{trans}\left(\Delta g_{\text{gt}_i \to \text{gt}_{i+1}}\right) = \text{slack}_L$，$\text{gt}_i$ 无法向左边扩展其成像时长，否则转到步骤 7。如果左右皆无法扩展，则转到步骤 1。

步骤 5　向右扩展成像时长。尝试令 $\text{gt}_i.\text{ow.b} = \text{EB}$，判断是否可行（式（5-16））。如果约束满足，则确定 $\text{gt}_i.\text{ow.b} = \text{EB}$ 且转到步骤 7，否则转到步骤 6。

步骤 6　向右二分扩展。尝试令 $\text{gt}_i.\text{ow.b} = \text{HB}$，判断是否可行（式（5-16））。如果约束满足，则确定 $\text{gt}_i.\text{ow.b} = \text{HB}$ 并令 $\text{LB} = \text{HB}$，否则令 $\text{EB} = \text{HB}$。更新 $\text{HB} = \dfrac{\text{LB} + \text{EB}}{2}$。如果 $\text{EB} \geq \text{LB}$，则结束此步骤，否则重复该步骤。

步骤 7　向左扩展成像时长。尝试令 $\text{gt}_i.\text{ow.e} = \text{LB}$，判断是否可行（式（5-16））。如果约束满足，则确定 $\text{gt}_i.\text{ow.e} = \text{LB}$ 且转到步骤 1，否则转到步骤 8。

步骤 8　向右二分扩展。尝试令 $\text{gt}_i.\text{ow.e} = \text{HB}$，判断是否可行（式（5-16））。如果约束满足，则确定 $\text{gt}_i.\text{ow.e} = \text{HB}$ 并令 $\text{EB} = \text{HB}$，否则令 $\text{LB} = \text{HB}$，更新 $\text{HB} = \dfrac{\text{LB} + \text{EB}}{2}$。如果 $\text{EB} \geq \text{LB}$，则结束该步骤，否则重复该步骤

表 5-2　辅助变量定义（二）

变量	定义
slack_R	与前驱地面目标之间的空闲时间间隔
slack_L	与后继地面目标之间的空闲时间间隔
remain_R	向右边扩展的成像时间余量
remain_L	向左边扩展的成像时间余量
HB	当前可扩展余量（$\text{remain}_R / \text{remain}_L$）的二分位置
EB	当前可扩展余量（$\text{remain}_R / \text{remain}_L$）的最早位置
LB	当前可扩展余量（$\text{remain}_R / \text{remain}_L$）的最晚位置

以地面目标 gt_i 为例，二分扩展算法开始时，上述辅助变量的赋值为

$$\text{slack}_R = \begin{cases} +\infty, & \text{gt}_i \text{是第一个} \\ \text{gt}_i.\text{ow.b} - \text{gt}_{i+1}.\text{ow.e}, & \text{其他} \end{cases} \tag{5-21}$$

$$\text{slack}_L = \begin{cases} +\infty, & \text{gt}_i \text{是第一个} \\ \text{gt}_{i+1}.\text{ow.b} - \text{gt}_i.\text{ow.e}, & \text{其他} \end{cases} \tag{5-22}$$

$$\text{remain}_R = \text{gt}_i.\text{ow.b} - \text{gt}_i.\text{w.s} \tag{5-23}$$

$$\text{remain}_L = \text{gt}_i.\text{ow.e} - \text{gt}_i.\text{w.e} \tag{5-24}$$

$$\text{HB} = \text{EB} = \text{LB} = 0 \tag{5-25}$$

5.2.2　ALNS + NSGA-Ⅱ算法部件更新

面向 OSPFAEOS-VID 的特点，本节需要调整、更新自适应多目标模因算法（ALNS + NSGA-Ⅱ）的初始解构造算法及进化操作算子的流程和构成，算法流程和伪代码未发生变化，与第 3 章相同。此外，地面目标选择机制、后代解取舍机制、自适应调节器及算法终止条件未发生改变，故也不再赘述。

1. 初始解构造算法更新

本章的 ALNS + NSGA-Ⅱ同样使用 RGHA 作为构造初始解的算法。结合 OSPFAEOS-VID 的特点，本节重新设计 RGHA 的算法流程，其伪代码如算例 5-4 所示。

算例 5-4　RGHA 的伪代码

Input：待规划地面目标集合（AGT）、最佳成像时刻选择概率（BMR）
Output：初始解（S）

1:	对 AGT 随机排序
2:	Repeat------确定观测窗口
3:	gt ← AGT
4:	If $\tau >$ BMR　then
5:	$\quad$ gt.w.b ← gt.w.b$_0$ − $\dfrac{\text{gt.d}_0}{2}$
6:	Else
7:	$\quad$ gt.w.b ← rand$([\text{gt.w.s, gt.w.e}])$
8:	End if
9:	If 满足约束集合　then
10:	$\quad$ 将 gt 插入 S
11:	Else
12:	$\quad$ 放弃 gt
13:	End if
14:	Until　AGT 遍历完全
15:	Return　S

算例 5-4 确定每个地面目标的观测窗口，优先尝试卫星观测地面目标的最佳成像质量对应的观测窗口。RGHA 不考虑观测时间移动尝试操作，即 PD/LA 中的二分调度，因此，RGHA 能够快速地构造出丰富的初始解。

2. 进化操作算子设计

考虑 OSPFAEOS-VID 的特点，本节丰富了破坏操作算子和修复操作算子，分别设计两类破坏操作算子和两类修复操作算子。

　　破坏操作算子用于删除已规划地面目标（删除操作算子）或者缩短已规划地面目标的成像时长（缩短操作算子）。所有被破坏（删除/缩短）的已规划地面目标存储在空间大小给定（$|B|$）的禁忌池 B 中。其中，被删除的地面目标存放在 DB 中，而被缩短成像时长的地面目标存放在 SB 中，DB 与 SB 的大小与对应操作算子的权重成反比，其空间大小之和等于 $|B|$。每次迭代之前，所有禁忌池都是空的，填满对应禁忌池是破坏操作算子运行的结束条件。

　　修复操作算子用于将一些未规划地面目标插入给定解中（插入操作算子）或者扩展已规划地面目标的成像时长（扩展操作算子）。前面已给出扩展操作算子的详细定义，故本节不再赘述。

　　1）删除操作算子

　　本节设计 R-Delete、P-Delete、E-Delete 及 C-Delete 共四种引导因子，指导删除操作算子运行。

　　（1）R-Delete。这个删除操作算子随机排列已规划的地面目标，并依次将它们从给定解中移除。

　　（2）P-Delete。这个删除操作算子的引导因子的定义与 P-Sort 的引导因子相同，但是 P-Delete 的引导因子计算基于已规划地面目标的真实成像时长。P-Delete 基于其引导因子将已规划地面目标降序排列，并依次将它们从给定解中移除。

　　（3）E-Delete。这个删除操作算子的引导因子的定义与 E-Sort 的引导因子相同，但是 E-Delete 的引导因子计算基于已规划地面目标的真实能源消耗。E-Delete 基于其引导因子将已规划地面目标降序排列，并依次将它们从给定解中移除。

　　（4）C-Delete。这个删除操作算子的引导因子的定义及计算方式与 C-Sort 的引导因子都相同。C-Delete 基于其引导因子将已规划地面目标降序排列，并依次将它们从给定解中移除。

　　2）缩短操作算子

　　本节设计 R-Short、P-Short、E-Short 及 C-Short 共四种引导因子，指导缩短操作算子运行。此外，每次被操作的地面目标的成像时长直接缩短为其最短成像时长。

　　（1）R-Short。这个缩短操作算子随机排列已规划的地面目标，并依次缩短它们的成像时长。

　　（2）P-Short。这个缩短操作算子的引导因子的定义与 P-Sort 的引导因子相同，但是 P-Short 的引导因子计算基于已规划地面目标的真实成像时长。P-Short 基于其引导因子将已规划地面目标降序排列，并依次缩短它们的成像时长。

　　（3）E-Short。这个缩短操作算子的引导因子的定义与 E-Sort 的引导因子相同，但是 E-Short 的引导因子计算基于已规划地面目标的真实能源消耗。E-Short 基于其引导因子将已规划地面目标降序排列，并依次缩短它们的成像时长。

　　（4）C-Short。这个缩短操作算子的引导因子的定义及计算方式与 C-Sort 的引导因子都相同。C-Short 基于其引导因子将已规划地面目标降序排列，并依次缩短它们的成像时长。

3）插入操作算子

插入操作算子依据不同引导因子，选择所有处于 F 而不在 B 内的地面目标，并插入修复解中，从而产生后代解。其中，插入操作算子调用 RGHA，实现被选择地面目标插入修复解。本节设计四种插入操作算子的引导因子。

（1）R-Insert。这个插入操作算子从其对应的邻域中随机选择一些未规划且不在禁忌池 B 中的地面目标，并尝试插入修复解中。

（2）P-Insert。这个插入操作算子的引导因子的定义与 P-Sort 的引导因子相同，但是 P-Insert 的引导因子计算基于地面目标的最短成像时长。P-Insert 基于其引导因子将所有处于 F 而不在 B 内的地面目标升序排列，并依次尝试插入修复解中。这意味着 P-Insert 更加偏好选择优先级更高、成像时长更短的未规划地面目标。

（3）E-Insert。这个插入操作算子的引导因子的定义和计算方式与 E-Sort 的引导因子完全相同。E-Insert 基于其引导因子将所有处于 F 而不在 B 内的地面目标升序排列，并依次尝试插入修复解中。这意味着 E-Insert 更加偏好选择能源消耗更少的未规划地面目标。

（4）C-Insert。这个插入操作算子的引导因子的定义及计算方式与 C-Sort 的引导因子都相同。C-Insert 基于其引导因子将所有处于 F 而不在 B 内的地面目标升序排列，并依次尝试插入修复解中。这意味着 C-Insert 更加偏好选择工件拥堵度更小的未规划地面目标。

5.3 仿真实验分析

本节将重点分析三个多目标模因算法求解 OSPFAEOS-VID 的效果，并分析一些关键参数设置对算法的影响和所有操作算子的进化。基于第 3 章仿真测试算例设计方法，本节生成丰富的测试场景，支撑后续仿真实验分析。其中，ALNS＋NSGA-Ⅱ的设置与第 3 章相同，故不再赘述。

5.3.1 参数 RS 优化

为了分析 RS $\in [0,1]$ 取值对算法求解的影响，本节基于仿真案例 CD-50，令 RS 取区间[0, 0.9][①]，步长为 0.1，依次运行三个多目标模因算法，得到的精英解如表 5-3 所示。其中，$\hat{v}_1$、$\bar{v}_1$ 和 $\check{v}_1$ 分别为成像质量损失的最大值、平均值和最小值，$\hat{v}_2$、$\bar{v}_2$ 和 $\check{v}_2$ 分别为卫星能源消耗的最大值、平均值和最小值。

---

① 当 RS＝1 时，无法有效从 AGT 中选取任何地面目标进行观测规划。

表 5-3　RS 取值对三个算法搜索精英解的影响

RS	PD+NSGA-II						LA+NSGA-II						ALNS+NSGA-II					
	$\tilde{v}_1$	$\bar{v}_1$	$\hat{v}_1$	$\tilde{v}_2$	$\bar{v}_2$	$\hat{v}_2$	$\tilde{v}_1$	$\bar{v}_1$	$\hat{v}_1$	$\tilde{v}_2$	$\bar{v}_2$	$\hat{v}_2$	$\tilde{v}_1$	$\bar{v}_1$	$\hat{v}_1$	$\tilde{v}_2$	$\bar{v}_2$	$\hat{v}_2$
0	0.9009	0.9097	0.9299	0.2395	0.2776	0.3178	0.8972	0.9085	0.9309	0.2331	0.2557	0.3161	0.8976	0.9387	0.9879	0.0414	0.1506	0.2777
0.1	0.8997	0.9120	0.9347	0.1913	0.2539	0.3043	0.8976	0.9077	0.9413	0.1956	0.2506	0.2983	0.8904	0.9361	0.9932	0.0261	0.1600	0.3021
0.2	0.9009	0.9180	0.9488	0.1634	0.2364	0.3153	0.8976	0.9145	0.9536	0.1610	0.2324	0.2960	0.8961	0.9429	0.9925	0.0241	0.1397	0.2877
0.3	0.9013	0.9235	0.9589	0.1437	0.2169	0.3145	0.8988	0.9184	0.9557	0.1486	0.2175	0.3185	0.9026	0.9391	0.9926	0.0280	0.1560	0.2643
0.4	0.9042	0.9265	0.9579	0.1307	0.2017	0.2847	0.9003	0.9205	0.9591	0.1204	0.2106	0.2983	0.9065	0.9444	0.9924	0.0248	0.1374	0.2564
0.5	0.9023	0.9321	0.9704	0.0907	0.1856	0.2983	0.9033	0.9332	0.9732	0.0900	0.1761	0.2740	0.9078	0.9529	0.9992	0.0021	0.1214	0.2503
0.6	0.9075	0.9430	0.9776	0.0675	0.1575	0.2820	0.9060	0.9399	0.9785	0.0684	0.1587	0.2724	0.9167	0.9554	0.9979	0.0067	0.1149	0.2152
0.7	0.9131	0.9537	0.9891	0.0329	0.1250	0.2562	0.9106	0.9471	0.9860	0.0391	0.1402	0.2653	0.9249	0.9581	0.9991	0.0021	0.1074	0.2065
0.8	0.9235	0.9661	0.9983	0.0045	0.0865	0.2286	0.9223	0.9649	0.9983	0.0038	0.0892	0.2226	0.9270	0.9575	0.9987	0.0028	0.1164	0.2288
0.9	0.9403	0.9724	0.9995	0.0027	0.0688	0.1672	0.9359	0.9705	0.9995	0.0027	0.0730	0.1858	0.9552	0.9755	0.9991	0.0028	0.0637	0.1365

　　显然，当 RS $\in\{0, 0.1, 0.2, 0.3\}$ 时，三个多目标模因算法搜索的精英解对应的成像质量损失和卫星能源消耗相对平衡，即成像质量损失相对较小且卫星能源消耗相对较少。这意味着当 RS $\in\{0, 0.1, 0.2, 0.3\}$ 时，三个多目标模因算法针对两个优化目标的优化不存在任何偏好，寻优近乎均衡。

　　此外，解的多样性是评价多目标优化算法的另一个重要指标。本节分别绘制三个多目标模因算法基于 RS $\in\{0, 0.1, 0.2, 0.3\}$ 的帕累托前沿，如图 5-3～图 5-5 所示。

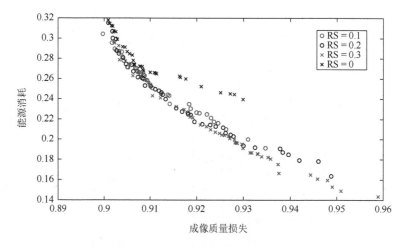

图 5-3　PD + NSGA-II 获取的帕累托前沿

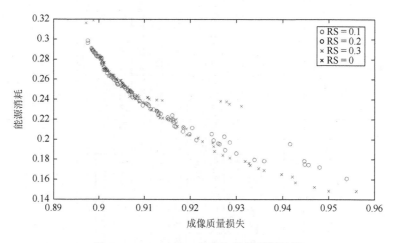

图 5-4　LA + NSGA-II 获取的帕累托前沿

扫一扫　看彩图

扫一扫　看彩图

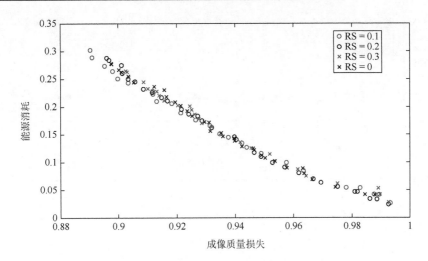

扫一扫　看彩图

图 5-5　ALNS + NSGA-Ⅱ获取的帕累托前沿

PD + NSGA-Ⅱ（图 5-3）和 LA + NSGA-Ⅱ（图 5-4）获取的帕累托前沿分布相似。当 RS = 0 时，两个算法获取的帕累托前沿都处于最上方，这意味着此时它们对应的精英解最差。当 RS ∈ {0.1, 0.2, 0.3} 时，两个算法获取的帕累托前沿位置非常接近。此外，当 RS = 0.2 时，两个算法获取的帕累托前沿都更长，这意味着此时搜索到的解的多样性更高。因此，令 RS = 0.2，运行 PD + NSGA-Ⅱ或者LA + NSGA-Ⅱ显然更明智。

RS 取值对 ALNS + NSGA-Ⅱ求解效能的影响很明确，精英解对应的优化目标函数值（表 5-3）和帕累托前沿长度（图 5-5）都明确佐证了 RS = 0.1 是运行ALNS + NSGA-Ⅱ的最佳选择。

5.3.2　参数 λ 的敏感度分析

为了分析每个操作算子对参数 $\lambda \in [0, 1]$ 取值的敏感度，本节分别运行三个多目标模因算法，其对应的各类操作算子的最终权重如图 5-6～图 5-8 所示。

对于 PD + NSGA-Ⅱ（图 5-6），除了 E-Sort 和 E-Expand，随着参数 λ 取值的变化，其他所有操作算子的最终权重变化不明显。当 $\lambda = 0.6$ 时，E-Sort 和E-Expand 的最终权重达到最大值。为了让更多操作算子发挥其作用，多方面推动 PD + NSGA-Ⅱ的进化，$\lambda = 0.7$ 是运行 PD + NSGA-Ⅱ的不错选择，此时所有操作算子的最终权重非常接近。与 PD + NSGA-Ⅱ相似，随着参数 λ 取值的变化，LA + NSGA-Ⅱ（图 5-7）的 E-Sort 和 E-Expand 的最终权重变化剧烈，而其他操作算子的最终权重变化不明显。当 $\lambda = 0.5$ 时，所有操作算子的最终权重最为接近。因此，$\lambda = 0.5$ 更为适合 LA + NSGA-Ⅱ。

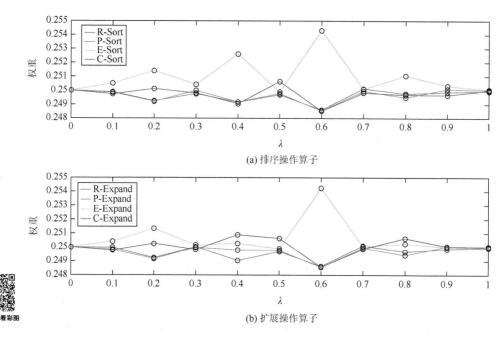

(a) 排序操作算子

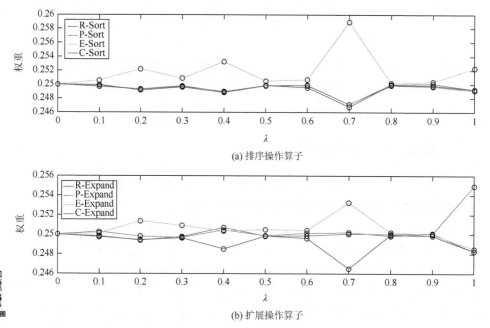

(b) 扩展操作算子

图 5-6　PD + NSGA-Ⅱ的操作算子最终权重

(a) 排序操作算子

(b) 扩展操作算子

图 5-7　LA + NSGA-Ⅱ的操作算子最终权重

扫一扫　看彩图

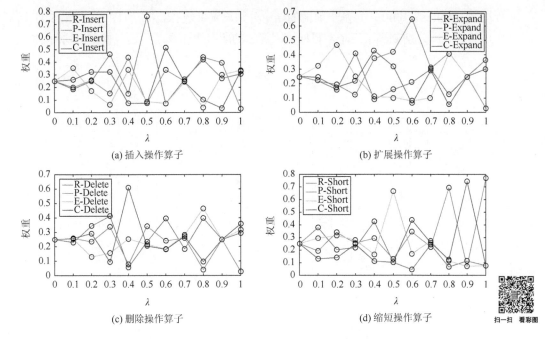

(a) 插入操作算子　　　　　　　　　　　　　　(b) 扩展操作算子

(c) 删除操作算子　　　　　　　　　　　　　　(d) 缩短操作算子

扫一扫　看彩图

图 5-8　ALNS + NSGA-II 的操作算子最终权重

随着参数 λ 取值的变化，ALNS + NSGA-II 的操作算子的最终权重变化表现不一致，而且更加混乱，如图 5-8 所示。

（1）当 $\lambda = 0.7$ 时，四个插入操作算子的最终权重最为接近。当参数 λ 取其他值时，四个插入操作算子的最终权重始终处于混乱状态。

（2）当参数 $\lambda \leqslant 0.2$ 时，四个扩展操作算子中 E-Expand 的最终权重始终最大。当 $\lambda \in [0.4, 0.7]$ 时，P-Expand 的表现相对更好。当 $\lambda > 0.7$ 时，所有扩展操作算子的最终权重陷入混乱。但是仔细观察发现，当 $\lambda \in \{0.2, 0.7, 0.9\}$ 时，所有扩展操作算子的最终权重相对接近。

（3）随着参数 λ 取值的变化，删除操作算子和缩短操作算子的表现始终处于混乱中。但是，当 $\lambda \in \{0.1, 0.7\}$ 时，所有删除操作算子的最终权重相对接近；当 $\lambda \in \{0.3, 0.7\}$ 时，所有缩短操作算子的最终权重相对接近。

综上所述，为了让更多操作算子发挥其作用，多方面推动 ALNS + NSGA-II 的进化，$\lambda = 0.7$ 是运行 ALNS + NSGA-II 的不错选择。

5.3.3　操作算子进化

为了深入分析各操作算子的进化，本节基于仿真案例 WD-100，令最大迭代次数 MaxIter = 1000，且基于前面的结论分别设置参数 RS 和 λ。图 5-9～图 5-11 所示的柱状图分别刻画了三个多目标模因算法的所有操作算子的迭代权重平均值。

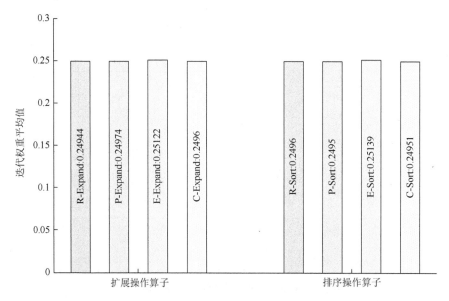

图 5-9   PD + NSGA-Ⅱ 所有操作算子迭代权重平均值

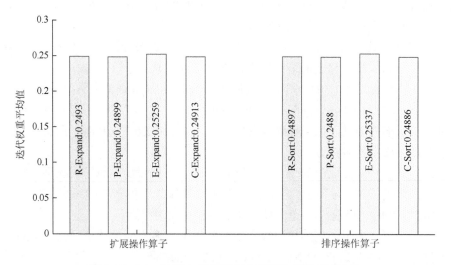

图 5-10   LA + NSGA-Ⅱ 所有操作算子迭代权重平均值

对于 PD + NSGA-Ⅱ 和 LA + NSGA-Ⅱ，所有操作算子的迭代权重平均值皆徘徊于 0.25，这意味着它们的寻优效果相仿，对算法进化的贡献接近，达到了 5.3.2 节设置参数 λ 的目的。

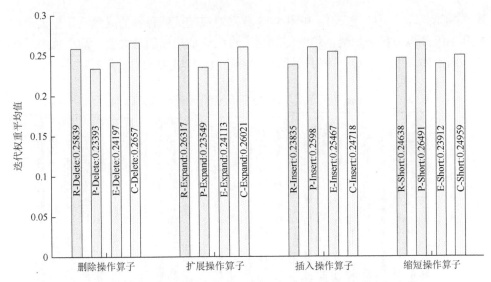

图 5-11　ALNS + NSGA-Ⅱ所有操作算子迭代权重平均值

虽然 ALNS + NSGA-Ⅱ的操作算子迭代权重平均值存在差距，例如，R-Insert 的迭代权重平均值为 0.23835，是四个插入操作算子中表现最差的；P-Insert 的迭代权重平均值为 0.2598，是四个插入操作算子中表现最佳的，但是它们的差距非常小，这表明 ALNS + NSGA-Ⅱ的操作算子的表现同样呼应了前面参数设计的出发点，即保证更多操作算子发挥其作用，多方面推动算法的进化。

5.3.4　多目标模因算法效能对比

本节采用所有仿真测试算例，并从求解质量和解的多样性两个方面分析三个多目标模因算法（PD + NSGA-Ⅱ、LA + NSGA-Ⅱ和 ALNS + NSGA-Ⅱ）求解 OSPFAEOS-VID 的能力。

1. 求解质量

为了综合评估三个多目标模因算法（PD + NSGA-Ⅱ、LA + NSGA-Ⅱ和 ALNS + NSGA-Ⅱ）的求解能力，本节不仅对比其求解 OSPFAEOS-VID 的优化目标（成像质量损失和卫星能源消耗）函数值，而且关注它们求解的算法运行时间。此外，三个多目标模因算法的参数设置基于前面的参数优化结果，且最大迭代次数均设置为 200 次。

面向所有仿真场景，三个多目标模因算法迭代寻优后的三个评价指标（两个优化目标函数值和算法运行时间）分别采用一类简单的箱线图展示，如图 5-12～

图 5-14 所示。其中，图 5-12 和图 5-13 分别对应精英解种群的成像质量损失平均值和卫星能源消耗平均值，箱线图刻画了对应评估指标的最大值、最小值及平均值，箱子的高度表示对应评估指标的平均值；图 5-14 对应算法运行时间。

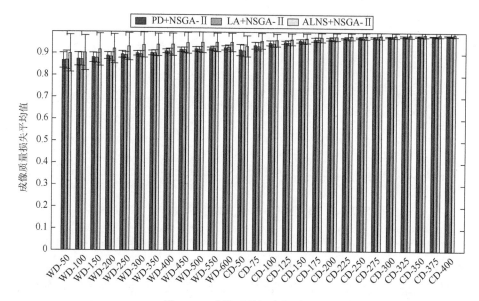

图 5-12　成像质量损失的差异

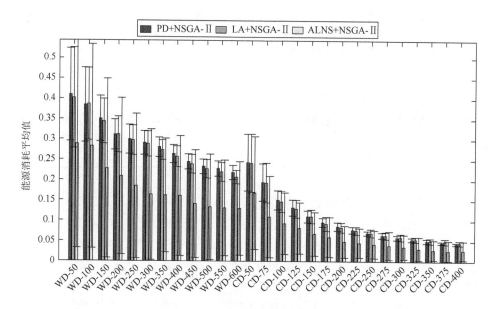

图 5-13　卫星能源消耗的差异

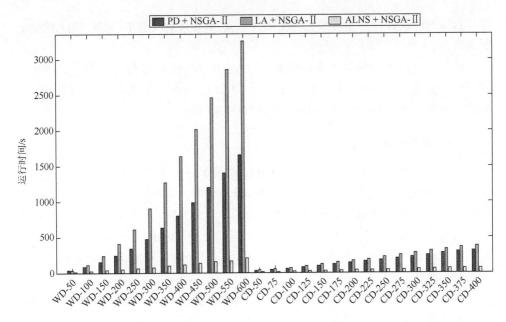

图 5-14　算法运行时间的差异

观察图 5-12，我们发现以下有趣的现象：①ALNS＋NSGA-Ⅱ获取的成像质量损失平均值略差于 PD＋NSGA-Ⅱ和 LA＋NSGA-Ⅱ，而 PD＋NSGA-Ⅱ获取的成像质量损失平均值与 LA＋NSGA-Ⅱ相仿；②ALNS＋NSGA-Ⅱ获取的成像质量损失最小值始终优于 PD＋NSGA-Ⅱ和 LA＋NSGA-Ⅱ；③ALNS＋NSGA-Ⅱ获取的成像质量损失差异性（即其最大值与最小值之差）最大。综上可得，基于算法寻优的成像质量损失的单独评估，任何算法都不具备寻优能力的绝对优势。此外，ALNS＋NSGA-Ⅱ求解多样性（diversity of obtained solutions）更好，这可能导致其优化目标函数值差异最大。

图 5-13 中，ALNS＋NSGA-Ⅱ对应的箱子始终短于 PD＋NSGA-Ⅱ和 LA＋NSGA-Ⅱ，这意味着 ALNS＋NSGA-Ⅱ获取的卫星能源消耗平均值始终优于 PD＋NSGA-Ⅱ和 LA＋NSGA-Ⅱ。ALNS＋NSGA-Ⅱ获取的卫星能源消耗最小值也是恒优的。此外，三个多目标模因算法获取的卫星能源消耗最大值相仿。因此，基于算法寻优的卫星能源消耗的评估，我们有理由认为，ALNS＋NSGA-Ⅱ求解 OSPFAEOS-VID 的效能最高。此外，ALNS＋NSGA-Ⅱ获取的卫星能源消耗差异性同样最大。

ALNS＋NSGA-Ⅱ的算法运行时间显著少于 PD＋NSGA-Ⅱ和 LA＋NSGA-Ⅱ（图 5-14），且随着仿真场景规模的增加，PD＋NSGA-Ⅱ和 LA＋NSGA-Ⅱ的算法运行时间显著增加，而 ALNS＋NSGA-Ⅱ的算法运行时间没有显著变化。因此，算法运行时间的评估结果反映出 ALNS + NSGA-Ⅱ求解 OSPFAEOS-VID 的效能是最高的。

综上所述，无论仿真场景规模如何，ALNS + NSGA-Ⅱ都可以在更短的运行时间内搜索到质量更高的解。PD + NSGA-Ⅱ和 LA + NSGA-Ⅱ可能只适合小规模的仿真场景，如 WD-50～WD-100、CD-50～CD-100。

2. 求解多样性

求解多样性是评估（多目标）进化算法的另一个重要指标[69]。图 5-12 和图 5-13 绘制的优化目标函数值（最大值和最小值）一定程度上反映了算法求解多样性，即 ALNS + NSGA-Ⅱ的求解多样性更好。为了深入分析三个多目标模因算法的求解多样性，本节从 WD 中选择六个仿真场景（WD-100～WD～600）作为测试案例。基于这六个仿真场景，三个多目标模因算法搜索到的帕累托前沿如图 5-15 所示。

（1）PD + NSGA-Ⅱ和 LA + NSGA-Ⅱ获取的帕累托前沿始终位于 ALNS + NSGA-Ⅱ获取的帕累托前沿之上，这意味着 PD + NSGA-Ⅱ和 LA + NSGA-Ⅱ搜索到的精英解质量（成像质量损失和卫星能源消耗）始终差于 ALNS + NSGA-Ⅱ，这呼应了前面的结论。

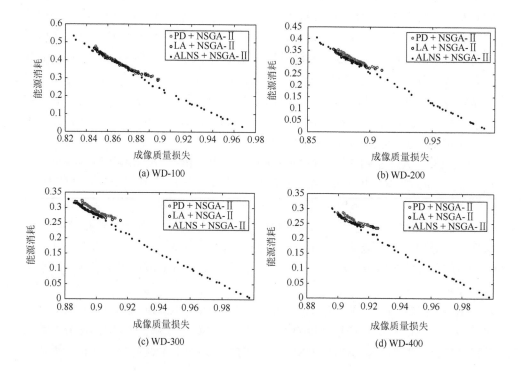

(a) WD-100　　　　　　　　　　(b) WD-200

(c) WD-300　　　　　　　　　　(d) WD-400

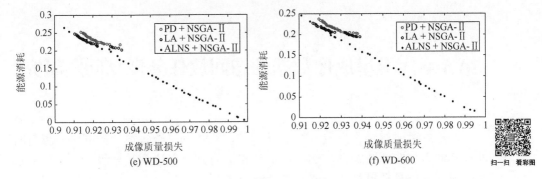

图 5-15　PD + NSGA-Ⅱ、LA + NSGA-Ⅱ和 ALNS + NSGA-Ⅱ获取的帕累托前沿

（2）帕累托前沿越长意味着精英解的多样性越好。六个仿真场景中，ALNS + NSGA-Ⅱ搜索到的帕累托前沿始终最长，即 ALNS + NSGA-Ⅱ的求解多样性显然好于 PD + NSGA-Ⅱ和 LA + NSGA-Ⅱ。

（3）更长的帕累托前沿导致 ALNS + NSGA-Ⅱ搜索到的精英解的优化目标函数最大值处于不利的境地，如前所述。

因此，算法求解质量和求解多样性综合表示 ALNS + NSGA-Ⅱ求解 OSPFAEOS-VID 的效能恒优于 PD + NSGA-Ⅱ和 LA + NSGA-Ⅱ。此外，PD + NSGA-Ⅱ和 LA + NSGA-Ⅱ的求解效能始终相仿，但是随着仿真场景规模的增加，LA + NSGA-Ⅱ的表现更差。

5.4　本　章　小　结

本章深入研究了 OSPFAEOS-VID，研究成果将有力地支撑全敏捷成像卫星参与应急管理，提升其提供连续支援信息的能力。

基于已有研究[26]，本章重点关注求解算法设计。本章设计了三个多目标模因算法（PD + NSGA-Ⅱ、LA + NSGA-Ⅱ及 ALNS + NSGA-Ⅱ）。基于第 3 章提出的 OSPFAEOS 测试算例生成方法，设计了丰富的仿真测试场景，并进行了大量仿真实验，分析了三个多目标模因算法应用效能、算法进化及相关参数优化。

对比三个多目标模因算法（PD + NSGA-Ⅱ、LA + NSGA-Ⅱ及 ALNS + NSGA-Ⅱ），自适应多目标模因算法（ALNS + NSGA-Ⅱ）能够在更短的算法运行时间内更稳定地搜索到更好、更多样的精英解，显然更加适合求解 OSPFAEOS-VID。

此外，本章进一步实践了本书提出的卫星任务规划问题的测试算法设计方法，构建了 OSPFAEOS 的测试场景，丰富了相关求解算法研究的测试样本。

第6章 卫星成像数据动态回放任务规划问题研究

伴随着商业遥感卫星技术的发展[17, 63]，在轨卫星数量增加的同时，卫星对地观测能力也在不断提升，例如，卫星相机的分辨率达到甚分级[60-62]、新一代对地观测卫星具有更灵活的姿态机动能力（可以主动成像）[26]。总之，得益于更多的在轨卫星、更高的成像分辨率、更灵活的姿态机动能力，新一代对地观测卫星可以更容易地获取更多的、数据量更大的遥感信息。然而，卫星成像数据接收系统（即地面站）的数量并没有得到同步的发展[89]，而且短时间内其数量和数据接收能力无法得到根本性的提升。强大的遥感信息获取能力与相对落后的数据接收能力之间的矛盾不断被激化，这使得我们必须更加重视新一代SIDSP 的研究。

据可查文献资料，现有许多 SIDSP 研究假设卫星成像数据是不可分割的[9]，且必须按照 FOFD 原则[23]。基于这两个假设，SIDSP 等价为 SRSP[90, 91]或者 DRPP[9]。事实上，随着卫星硬件系统的发展[71]，成像数据以文件的方式被存放在星上系统，成像数据具备可分割性。此外，数据回放的顺序也不再要求按照 FOFD 原则，回放时序具备可调整性。基于成像数据的可分割性和回放时序的可调整性，SIDSP 不再是简单的 SRSP 或者 DRPP，它显然更加复杂且问题求解更具挑战性。

卫星成像数据回放越来越限制对地观测卫星快速、高效、及时地获取更多、质量更高的遥感信息，本章将主要解决新一代 SIDSP，一定程度上促进新一代对地观测技术的发展，进一步挖掘其应用效能。本质上来说，基于成像数据的可分割性和回放时序的可调整性，SIDSP 的内涵发生了变化，新一代 SIDSP 又称为D-SIDSP，其包含两个阶段，如图 6-1 所示。

D-SIDSP 的第一个阶段与 SRSP 相似，其主要目的是优化数据传输方案，生成每个对地观测卫星的回放任务；D-SIDSP 的第二个阶段类似一维两阶段下料问题（one-dimensional two-stage cutting stock problem，TSCSP）[92]。其中，原始成像数据（即卫星一次对地观测形成的完整卫星成像数据）对应 TSCSP 中的库存卷（stock rolls），所有可用传输窗口（更准确地说是回放任务）对应 TSCSP 中的成品卷（finished rolls）。首先，TSCSP 中的所有库存卷将被分割成多个半成品卷（intermediate rolls），对应 D-SIDSP 中的分割成像数据，这些半成品卷的准确长度事先是未知的，但是被限制在一定区间内；然后，将分割好的半成品卷组装成为需要的成品卷，即回放任务。

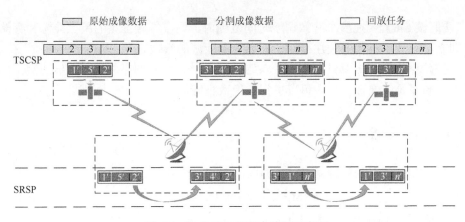

图 6-1　D-SIDSP 的两个阶段示意图

D-SIDSP 的两个阶段都是经典的优化调度问题，单独考虑任意阶段的子问题均存在丰富的学术研究，第 1 章详细阐述了卫星成像数据回放任务规划研究现状，本章不再赘述。但是，D-SIDSP 的两个阶段不是孤立的，它们互为各自的输入，是一个动态的过程，D-SIDSP 显然复杂于其任意阶段的子问题。面向 D-SIDSP 的双阶段动态特性，本章将以回放更多卫星成像数据和平衡各对地观测卫星被服务度为目的，深入探究成像数据可分割性和回放时序可调整性对求解 D-SIDSP 的影响。

6.1　问　题　描　述

本节将从问题构成元素、约束条件等方面重新定义 D-SIDSP。在此之前，本节给出一系列合理的假设条件，用于标准化 D-SIDSP。

【假设 6-1】　中继卫星[93]不是完全意义上的成像数据接收系统，它所接收的卫星成像数据最终需要再传输到地面站。因此，本章只考虑地面站。

【假设 6-2】　本章假设每个对地观测卫星系统和地面站系统只安装了一个数据传输/接收天线。换而言之，在任意时刻，一个地面站只能接收一颗对地观测卫星的成像数据，而一颗对地观测卫星只能向一个地面站回放其成像数据。

【假设 6-3】　本章只考虑完全回放，即一个原始成像数据被完整传输到地面站。此外，一个原始成像数据要么被完全回放，要么被全部放弃。

【假设 6-4】　卫星遥感信息获取能力远强于成像数据传输/接收能力，因此，本章假设每个原始成像数据最多只需要被回放一次。

【假设 6-5】　本章研究的重点是解决 D-SIDSP，因此，本章假设每颗卫星需要回放的原始成像数据是已知的且是静态的。

【假设 6-6】　在整个有效调度时间范围内，假设每颗卫星的星上能源和存储空间充足有效，不需要关注存储空间和星上能源的管理。

【假设 6-7】　本章只考虑记录→回放模式[22]，即必须完成地面目标观测，形成完整的原始成像数据，才可以进行成像数据回放。

6.1.1　构成元素

基于前面所有的问题假设，D-SIDSP 可以数学化描述为

$$P = \{\text{St}, \text{Et}, \mathcal{S}, \mathcal{G}, \text{TW}, \text{OD}, \text{DT}, \text{Con}\} \tag{6-1}$$

其中，所有包含的符号分别定义如下。

（1）$[\text{St}, \text{Et}]$ 为 P 有效调度时间范围。

（2）$\mathcal{S} = \{\varsigma : |\mathcal{S}| = n_\varsigma\}$ 为 P 考虑的所有对地观测卫星。结合 D-SIDSP 的特点，任意对地观测卫星 ς 可以表示为

$$\varsigma = \{\text{Id}, \Omega, i, a, e, \omega, M_0, d_0\} \tag{6-2}$$

其中，Id 为 ς 的唯一身份标志；$\{\Omega, i, a, e, \omega, M_0\}$ 为 ς 的轨道六根数，用于描绘卫星的轨道位置；d_0 为分割成像数据最小数据量，用来限制原始成像数据的分割操作。此外，本章采用回放时长定义卫星成像数据量，单位为 s。

（3）$\mathcal{G} = \{g : |\mathcal{G}| = n_g\}$ 为 P 的所有可用的地面站。任意地面站 g 可以表示为

$$g = \{\text{Id}, \text{lat}, \text{lon}, \text{alt}, \gamma, \pi\} \tag{6-3}$$

其中，Id 为 g 的唯一身份标志；$\{\text{lat}, \text{lon}, \text{alt}\}$ 分别为 g 的地理纬度、经度、高度，用于描绘地面站的地理位置；γ 和 π 分别为地面站天线的最大滚动角和俯仰角。这两个角度限制了地面站与卫星之间的可见性。本章卫星成像数据传输采用点波束天线传输[94]，即地面站在接收每个卫星的成像数据之前需要花费一定时间进行天线校对，称为天线校对时间。

（4）$\text{TW} = \{\text{tw}, |\text{TW}| = n_{\text{tw}}\}$ 为 P 有效调度时间范围内，卫星与地面站之间的所有传输窗口。任意传输窗口 tw 可以表示为

$$\text{tw} = \{\text{Id}, g, \varsigma, s, e\} \tag{6-4}$$

其中，$\{\text{Id}, g, \varsigma\}$ 确定了传输窗口 tw 的身份，Id 为 tw 的编号，g 和 ς 分别为 tw 对应的地面站和卫星；s 和 e 分别为 tw 的开始时间和结束时间。

（5）$\text{OD} = \{\text{od}, |\text{OD}| = n_{\text{od}}\}$ 为 P 有效调度时间范围内，所有有效的卫星原始/分割成像数据，n_{od} 为原始/分割成像数据的数量。任意原始/分割成像数据 od 可以表示为

$$od = \{Id, sId, \varsigma, \omega, d, r, o\} \qquad (6\text{-}5)$$

其中，Id 为 od 的原始成像数据编号；当 od 为分割成像数据时，sId 是有效参数，表示对应的分割成像数据编号，否则 sId 是无效参数；ς 为 od 隶属的卫星；ω 和 d 分别为 od 的优先级和数据量（回放时长）；r 和 o 分别为 od 的施放时间（即对应观测任务完成时间）和有效期。此外，成像数据的有效期 o 与其优先级 ω 有关，如式（2-9）所示，时间区间 $[od.r, od.r + od.o]$ 为 od 的有效时间范围，即 $od.r + od.o$ 之后，od 即刻失效。

（6）$DT = \{dt, |DT| = n_{dt}\}$ 为 P 有效调度时间范围内，调度产生的所有回放任务。任意回放任务 dt 可以表示为

$$dt = \{Id, b, e, d, tw, dSet\} \qquad (6\text{-}6)$$

其中，Id 为 dt 的唯一身份标志；b 和 e 分别为 dt 的开始时间和结束时间；d 为 dt 的持续时长，且满足约束 $d = \sum_{od \in dSet} od.d$；tw 为执行 dt 对应的传输窗口，如式（6-4）所示；dSet 为 dt 所回放的原始/分割成像数据集合，它包含的每个元素如式（6-5）所示。此外，dSet 中的所有成像数据对应的卫星必须与 dt 对应的卫星一致，即 $tw.\varsigma = od.\varsigma \quad \forall od \in dSet$。

6.1.2 约束条件

1. 时间约束

SIDSP 是一个带有时间属性的经典优化调度问题[9]，许多现有关于 SIDSP 的学术研究[9, 37, 51]将时间限制视为一个重要的约束条件。针对 D-SIDSP，本节梳理四类时间约束，即可见时间约束（visible time constraint）、工作时间约束（work time constraint）、逻辑时间约束（logical time constraint）及天线校对时间约束（antenna set-up time constraint）。

1）可见时间约束

可见时间约束限制每个回放任务必须在对应的传输窗口内执行。以回放任务 dt 为例，可见时间约束可以表示为

$$\begin{cases} dt.b \geqslant dt.tw.s \\ dt.e \leqslant dt.tw.e \end{cases} \qquad (6\text{-}7)$$

2）工作时间约束

每个成像数据有最小数据量限制，导致回放任务的工作时长存在限制。另外，每个回放任务的工作时长不可能超过对应传输窗口的长度。因此，对于回放任务 dt，工作时间约束可以表示为

$$\begin{cases} dt.d \geqslant dt.tw.s.d_0 \\ dt.d \leqslant dt.tw.e - dt.tw.s \end{cases} \tag{6-8}$$

此外，D-SIDSP 中考虑的卫星系统不尽相同，因此，最短工作时长必须对应其卫星。

3）逻辑时间约束

逻辑时间约束是一个不可违抗的硬约束，表示任何成像数据必须先产生再回放，对应假设 6-7，即任意（原始/分割）成像数据被回放时间必须晚于其被释放时间，且大于其过期时间。以回放任务 dt 为例，令 od 表示被 dt 回放的一个（原始/分割）成像数据，逻辑时间约束可以表示为

$$\begin{cases} dt.tw.\varsigma = od.\varsigma \\ od.r \leqslant dt.b \\ od.o + od.r > dt.b \end{cases} \tag{6-9}$$

4）天线校对时间约束

本章视 $\sigma_{\varsigma_i \to \varsigma_j}^g$ 为常量 σ，且令 $\sigma = 60s$。根据假设 6-2，在任意时刻，每个地面站最多只能接收一个卫星的成像数据。因此，同一地面站的任意两次回放任务的时间间隔必须大于天线校对时间。以同一个地面站的任意两个回放任务 dt_i 和 dt_{i+1} 为例，且 dt_i 早于 dt_{i+1}，天线校对时间约束可以表示为

$$dt_{i+1}.b - dt_i.e \geqslant \sigma \tag{6-10}$$

此外，dt_i 和 dt_{i+1} 必须隶属于同一个地面站，且隶属于不同的卫星，即 $dt_i.tw.g = dt_{i+1}.tw.g$ 且 $dt_i.tw.\varsigma \neq dt_{i+1}.tw.\varsigma$。

2. 执行约束

此外，D-SIDSP 还考虑两类执行约束，即完全回放约束（completed transmission constraint）和分割约束（segmented constraint）。为了更好、更准确地定义这两类执行约束，本节定义一些辅助变量，如表 6-1 所示。

表 6-1　辅助变量定义（一）

变量	定义
od	一个卫星原始成像数据
SD	所有被回放的分割成像数据，它们都来自 od
sd	集合 SD 中任意一个分割成像数据

1）完全回放约束

根据假设 6-3，本章只考虑完全回放，即每个原始成像数据必须被完整回放，

否则全部放弃。换而言之，每个原始成像数据对应的所有分割成像数据需要被回放。因此，完全回放约束可以表示为

$$\sum_{sd \in SD} sd.d = od.d \tag{6-11}$$

2）分割约束

分割约束主要用于限制每个原始成像数据分割操作。过分小粒度的成像数据分割势必增加地面卫星图像处理部门的工作复杂度，同时不利于卫星系统的运行管理。因此，本章不考虑原始成像数据的过度分割。分割约束可以表示为

$$sd.d \geqslant od.s.d_0 \quad \forall sd \in SD \tag{6-12}$$

6.2　数　学　建　模

本节以原始成像数据损失和卫星被服务均衡度为优化目标，将 D-SIDSP 构建为一个双目标优化问题。在此之前，采用问题归约化方法，证明 D-SIDSP 是一个 NP-Hard 问题。

6.2.1　问题复杂度分析

将问题归约为一些经典问题是证明一些新问题的复杂度的有效途径。正如前面所述，D-SIDSP 包含两个阶段：第一个阶段与 SRSP 相似，其主要目的是优化数据传输方案，生成每个对地观测卫星的回放任务；第二个阶段类似 TSCSP。因此，在讨论 D-SIDSP 复杂度之前，本节给出 TSCSP 的一般定义。TSCSP 是一维背包问题（one-dimensional bin packing problem，BPP）的变异[95]。令 M 表示成品卷的类别总数，不同类别的成品卷要求的长度 ω_j 和数量 d_j 不同，c 表示每根原料卷的总长度，且数量为 N。此外，TSCSP 有两个决策变量：

$$y_i = \begin{cases} 1, & \text{原料卷} i \text{被利用} \\ 0, & \text{其他} \end{cases}, \quad i = 1, 2, \cdots, N$$

ξ_{ij} = 来自原料卷 i 的成品卷 j 个数，$i = 1, 2, \cdots, N; \ j = 1, 2, \cdots, M$

因此，TSCSP 的数学模型可以表示为

$$\min \sum_{i=1}^{N} y_i \tag{6-13}$$

$$\sum_{j=1}^{M} \omega_j \xi_{ij} \leqslant c y_i, \quad i = 1, 2, \cdots, N \tag{6-14}$$

s.t.

$$\sum_{i=1}^{N}\xi_{ij}=d_j, \quad j=1,2,\cdots,M \tag{6-15}$$

$$y_i \in \{0,1\}, \quad i=1,2,\cdots,N \tag{6-16}$$

$$\xi_{ij}\in N, \quad i=1,2,\cdots,N; j=1,2,\cdots,M \tag{6-17}$$

其中，TSCSP 使用原料卷数量最小化为优化目标（式（6-13））。式（6-14）表示每根原料卷的使用量不得超过其总长度，式（6-15）表示切割需要满足每种成品卷需求量。

Delorme 等[95]理论上证明了 TSCSP 是 NP-Hard 的。因此，D-SIDSP 的第二个阶段对应的问题显然也是 NP-Hard 的。另外，SRSP 早已被多个研究[50,66]证明是 NP-Hard 的。因此，D-SIDSP 的两个阶段都是 NP-Hard 的，D-SIDSP 显然也是一类 NP-Hard 问题。

6.2.2　双目标优化模型构建

D-SIDSP 包含四个层面的决策：①原始成像数据是否被回放；②原始成像数据被分割成多个分割成像数据；③分割/原始成像数据在哪些传输窗口回放；④每个回放任务的工作时间。因此，对应的数学模型有三个决策变量，即 x_i、y_i^j 及 $dt_j.b$。其中，x_i 属于 0-1 变量，当 $x_i=1$ 时，对应的原始成像数据 od_i 被调度回放，否则，当 $x_i=0$ 时，对应的原始成像数据 od_i 不被调度回放；y_i^j 为传输窗口 tw_j 回放原始成像数据 od_i 的数据量占 od_i 总量的比例，它的取值范围为[0, 1]，$y_i^j>0$ 表示 od_i 在 tw_j 回放了总量的 y_i^j；$dt_j.b$ 为回放任务 dt_j 的开始时间，是一个正整数，分布于其对应的传输窗口 $dt_j.tw$ 内。

此外，为了更准确地描述数学模型，本节定义两个符号，如表 6-2 所示。

表 6-2　符号定义

符号	定义
OD_ς	对地观测卫星 ς 的全体原始成像数据
TW_ς	对地观测卫星 ς 的所有可用传输窗口

回放尽可能多的卫星成像数据是卫星成像数据回放任务规划的根本出发点。为了实现这一目的，现有研究设计了多种形式的优化目标，如最大化数传收益[9]（maximize transmission revenue）、最大化回放工作时长[52]（maximize downlink duration）及最小化数传失败率[65]（minimize transmission failure rate）等。不失一

般性，本章设计一类新的目标函数——成像数据回放失败率（image data downlink failure rate，FR），记为 $f_1(P)$。$f_1(P)$ 考虑了成像数据的优先级，计算公式如下：

$$f_1(P) = 1 - \frac{\sum_{\text{od}_i \in \text{OD}} (x_i \times \text{od}_i.\omega)}{\sum_{\text{od}_i \in \text{OD}} (\text{od}_i.\omega)} \tag{6-18}$$

其中，$\sum_{\text{od}_i \in \text{OD}} (x_i \times \text{od}_i.\omega)$ 为被回放的原始成像数据的优先级之和；$\sum_{\text{od}_i \in \text{OD}} (\text{od}_i.\omega)$ 为 D-SIDSP 所有原始成像数据的优先级总和，用于无量纲化成像数据回放失败率。因此，$f_1(P)$ 的函数值范围为[0, 1]。

对地观测卫星的成像能力显著强于卫星成像数据回放/接收能力。换而言之，一般情况下，可用传输窗口总是不足够接收所有卫星观测形成的成像数据。由于可用传输窗口稀缺，Du 等[65]设计的优化目标函数将失效，称为天线负载均衡度（load-balance degree of remote-tracking antennas）。因此，本节设计另一个优化目标函数，称为卫星被服务均衡度（service-balance degree of earth observation satellite，SD），记为 $f_2(P)$，用于衡量所有卫星被服务的平衡度。$f_2(P)$ 对应所有卫星可用传输窗口使用率的离差，计算公式如下：

$$f_2(P) = \frac{\sum_{\varsigma \in S}(1 - \text{UR}_\varsigma)}{n_\varsigma} \tag{6-19}$$

其中，UR_ς 为卫星 ς 的可用传输窗口的使用率，如式（6-20）所示；$1 - \text{UR}_\varsigma$ 为卫星 ς 的可用传输窗口的使用率与绝对使用率（假设为 1）之间的欧氏距离。此外，$f_2(P)$ 也是一个无量纲量，且其函数值范围为[0, 1]。

$$\text{UR}_\varsigma = \frac{\sum_{\text{tw} \in \text{TW}_s} \left(\frac{\text{dt}^{\text{tw}}.d}{\text{tw}.e - \text{tw}.s} \right)}{|\text{TW}_\varsigma|} \tag{6-20}$$

其中，dt^{tw} 为基于传输窗口 tw 产生的回放任务，如果 tw 没有被使用，则 $\text{dt}^{\text{tw}}.d = 0$；$|\text{TW}_\varsigma|$ 为卫星 ς 的可用传输窗口的总数。

因此，D-SIDSP 数学模型的优化目标为

$$\min F(P) = \{ f_1(P), f_2(P) \} \tag{6-21}$$

考虑决策变量取值特点，D-SIDSP 也是一类典型的离散双目标优化问题[81]。本节总结 D-SIDSP 主要约束条件，并简要讨论每个约束条件。

$$x_i \leqslant 1 \tag{6-22}$$

$$x_i = 1 \Rightarrow \begin{cases} y_i^j \times \mathrm{od}_i \geqslant \mathrm{od}_i.\mathrm{s.d}_0 \\ \sum_{j=1}^{n_{\mathrm{tw}}} y_i^j = 1 \end{cases} \tag{6-23}$$

$$y_i^j > 0 \Rightarrow \begin{cases} \mathrm{dt}_j.\mathrm{tw}.\varsigma = \mathrm{od}_i.\varsigma \\ \mathrm{od}_i.\mathrm{r} \leqslant \mathrm{dt}_j.\mathrm{b} \\ \mathrm{od}_i.\mathrm{r} + \mathrm{od}_i.\mathrm{o} > \mathrm{dt.b} \end{cases} \tag{6-24}$$

$$\left. \begin{array}{l} \sum_{i=1}^{n_{\mathrm{od}}} y_i^j > 0, \quad \sum_{i=1}^{n_{\mathrm{od}}} y_i^k > 0 \\ \mathrm{dt}_j.\mathrm{tw.g} = \mathrm{dt}_k.\mathrm{tw.g} \\ \mathrm{dt}_j.\mathrm{tw}.\varsigma \neq \mathrm{dt}_k.\mathrm{tw}.\varsigma \\ \mathrm{dt}_j.\mathrm{b} < \mathrm{dt}_k.\mathrm{b} \\ \nexists \sum_{i-1}^{n_{\mathrm{od}}} y_i^l > 0 \\ \mathrm{dt}_l.\mathrm{tw.g} = \mathrm{dt}_k.\mathrm{tw.g} \\ \mathrm{dt}_l.\mathrm{b} \in \left[\mathrm{dt}_j.\mathrm{e}, \mathrm{dt}_k.\mathrm{b} \right] \end{array} \right\} \Rightarrow \mathrm{dt}_k.\mathrm{b} - \mathrm{dt}_j.\mathrm{e} \geqslant \sigma \tag{6-25}$$

$$\sum_{i=1}^{n_{\mathrm{od}}} y_i^j > 0 \Rightarrow \begin{cases} \mathrm{dt}_j.\mathrm{d} \geqslant \mathrm{dt}_j.\mathrm{g.d}_0 \\ \left[\mathrm{dt}_j.\mathrm{b}, \mathrm{dt}_j.\mathrm{e} \right] \subseteq \left[\mathrm{dt}_j.\mathrm{tw.s}, \mathrm{dt}_j.\mathrm{tw.e} \right] \end{cases} \tag{6-26}$$

$$y_i^j \in [0,1] \tag{6-27}$$

$$x_i \in \{0,1\} \tag{6-28}$$

其中，式（6-22）表示每个原始成像数据最多只能被回放一次，呼应假设6-4；式（6-23）表示完全回放约束（式（6-11））和分割约束（式（6-12））；式（6-24）表示逻辑时间约束（式（6-9））；式（6-25）表示天线校对时间约束（式（6-10）），式（6-25）的左边部分用于描述任意两个相邻的回放任务 dt_j 和 dt_k，且它们隶属于相同的地面站、不同的卫星；式（6-26）表示可见时间约束（式（6-7））和工作时间约束（式（6-8）），由于回放任务最短工作时长等于最小成像数据量，式（6-26）的右边第一个方程始终被满足；式（6-27）和式（6-28）分别定义决策变量 y_i^j 和 x_i 的有效取值范围。

6.2.3 算法部件更新

面向 D-SIDSP 的特点，本节需要丰富自适应多目标模因算法（ALNS＋NSGA-Ⅱ）

的算法部件，并调整、更新部分算法部件的流程和构成。ALNS + NSGA-Ⅱ升级后的算法流程如图 6-2 所示。

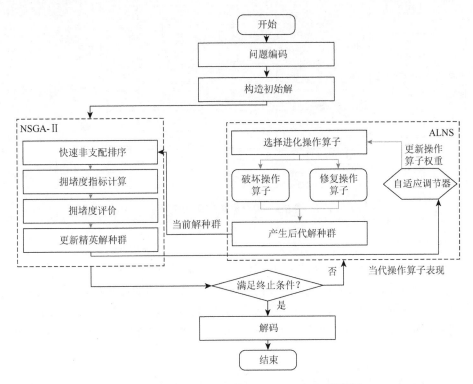

图 6-2　面向 D-SIDSP 的 ALNS + NSGA-Ⅱ流程

本节将重点阐述 ALNS + NSGA-Ⅱ的调整、丰富的部件，如混合整数编码、初始解构造算法和进化操作算子。此外，地面目标选择机制、后代解取舍机制、自适应调节器及算法终止条件未发生改变，故不再赘述。

1. 混合整数编码

D-SIDSP 有三个决策变量，即 x_i、y_i^j 和 $dt_j.b$，考虑编码使用的通用性，x_i 和 y_i^j 可以沿用，$dt_j.b$ 被重新定义为 z_j，其取值范围为 [0, 1]。$dt_j.b$ 与 z_j 之间的转化公式如下：

$$dt_j.b = dt_j.tw.s + z_j \times (dt_j.tw.e - dt_j.tw.s) \tag{6-29}$$

其中，x_i 属于 0-1 变量；y_i^j 和 z_j 为连续非负实数变量。因此，本节提出一类混合整数编码方法，用于刻画 D-SIDSP 的决策变量。为了更准确地理解，本节设计一个编码示例，如图 6-3 所示。

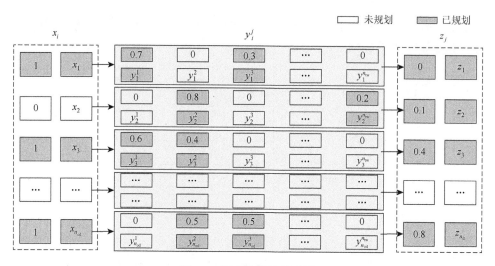

图 6-3　混合整数编码示例

深色的矩形对应的编码是有效的，浅色的矩形对应的编码是无效的。x_i 的编码是显而易见的，$x_i = 1$ 表示对应的原始成像数据被回放，反之，$x_i = 0$ 表示对应的原始成像数据未被回放。y_i^j 为传输窗口 tw_j 回放原始成像数据 od_i 的数据量占 od_i 总量的比例，$y_i^j > 0$ 表示 tw_j 回放了 od_i 总量的 y_i^j。z_j 的函数值表示回放开始时刻在对应传输窗口中的位置，根据式（6-29）可以轻松解码，计算每个回放任务的开始时间。

2. 初始解构造算法更新

面向 D-SIDSP 的 ALNS + NSGA-II 同样使用 RGHA 作为构造初始解的算法。结合 D-SIDSP 的特点，本节重新设计 RGHA 的伪代码，如算例 6-1 所示。此外，为了更好地表达算法伪代码，本节定义了以下辅助变量，如表 6-3 所示。

算例 6-1　RGHA 的伪代码

Input: 待回放原始成像数据集合（OD）、所有可用传输窗口（TW）
Output: 初始解（s）

1:	问题编码：OD 和 TW
2:	Traverse------ 产生数传方案
3:	od ← OD
4:	Repeat---- 确定 ϕ 并更新 ψ
5:	SD ← ODCS（）
6:	DT ← SRS（）
7:	Until od 被调度否则放弃
8:	依据 DT 更新 TW

9：	Until OD 被遍历完全
10：	计算 $\{f_1(P), f_2(P)\}$
11：	Return s

表 6-3　辅助变量定义（二）

变量	定义
od	任意原始成像数据
SD	od 对应的分割成像数据集合
DT	数传方案
OD	所有原始成像数据
TW	所有可用传输窗口
s	一个初始解，其采用混合整数方式编译
ATW	od 对应的所有可用传输窗口
atw	任意可用传输窗口
sd	任意分割成像数据

算例 6-1 使用了混合整数编码方法，将 D-SIDSP 的所有输入进行编码；确定了所有原始成像数据分割方案并产生回放任务。首先，以贪心方式（greedy way）依次选择每个原始成像数据，而且在选择操作之前，所有原始成像数据按照给定的引导因子排序①。然后，基于最新可用传输窗口（TW）和已被调度的原始成像数据（固定不变），确定当前的原始成像数据分割方案，记为 ODCS（），如算例 6-2 所示。最后，产生/更新回放任务序列，记为 SRS（），如算例 6-3 所示。

算例 6-2　ODCS（）伪代码

Input：最新 TW 和 od
Output：SD

1：	ATW ← TW，根据约束条件（式（6-9）和式（6-12））
2：	计算 ATW 的工作时间之和，如果工作时间之和小于 od 需要的传输时间，则返回失败
3：	Repeat-----确认 SD
4：	atw ← ATW 回放 od
5：	确认 SD 根据约束条件（式（6-11）和式（6-12））
6：	如果约束满足，则跳出循环，回放成功
7：	Until ATW 遍历完全
8：	Return SD

---

① 为了构造更为丰富、多样的初始解，此时采用随机引导因子。

算例 6-3　SRS（）伪代码

Input：SD、TW 和 DT
Output：更新后 DT

1:	固定已调度的成像数据
2:	Repeat ------ 更新 DT
3:	sd ← SD
4:	根据约束条件（式（6-9））atw ← TW 用于回放 sd
5:	基于最新 TW 产生/更新 DT 考虑约束条件（式（6-7）、式（6-8）和式（6-10））
6:	Until SD 回放完毕
7:	Return DT

ODCS（）的主要功能是确定当前原始成像数据的分割方案。基于最新可用传输窗口全集，更新当前原始成像数据的可用传输窗口。当剩余的可用传输窗口无法完全回放当前原始成像数据时，返回当前原始成像数据，分割失败，跳出 ODCS（）。一旦寻找到一个可行的成像数据分割方案（segmentation scheme），则结束 ODCS（）。否则，需要遍历所有可用传输窗口。此外，ODCS（）只生成可行的成像数据分割方案，不确定回放任务时序。

考虑当前所有成像数据（包括分割成像数据和未被分割的原始成像数据），SRS（）生成/更新回放任务时序。来自同一个原始成像数据的所有分割成像数据必须被全部回放，否则全部放弃，呼应假设 6-3 的完全回放。此外，确定回放任务开始时间和结束时间，使用二分法（dichotomization method）提升搜索速度。

3. 进化操作算子设计

本节讨论 ALNS + NSGA-Ⅱ的两类操作算子，即破坏操作算子和修复操作算子，它们用于构造算法进化的自适应大邻域。

面向 D-SIDSP 的特点，本章的 ALNS + NSGA-Ⅱ设计两类破坏操作算子，第一类破坏操作算子应用于成像数据，第二类破坏操作算子应用于回放任务，从而改变大邻域的元素（原始成像数据）构成。本章的 ALNS + NSGA-Ⅱ设计一类修复操作算子，用于改变大邻域的元素顺序，实现算法的进化。

1）破坏操作算子

面向 D-SIDSP 中有两个主要对象，即成像数据和回放任务，本章设计两类破坏操作算子分别应用于这两个对象。第一类破坏操作算子包含四个操作算子（RD-Destroy、PD-Destroy、DD-Destroy 和 CD-Destroy），它们直接移除成像数据，从而达到破坏给定解的目的。第二类破坏操作算子也包含四个操作算子（RT-Destroy、PT-Destroy、WT-Destroy 和 CT-Destroy），它们首先根据引导因子选出一些回放任务，然后移除这些回放任务中的（分割）成像数据，进而破坏给定解。此外，根据完全回放约束（式（6-11）），若原始成像数据的部分被移除，则需要将其剩余的被回放成像数据一并移除。

所有被移除的原始成像数据被存放在空间大小给定（$|B|^{①}$）的禁忌池 B 中。每次迭代之前，禁忌池都是空的，填满禁忌池是破坏操作算子运行的结束条件。另外，所有未被调度的原始成像数据存储在原始成像数据池 F 中，所有处在 F 而不在 B 中的原始成像数据将被修复操作算子选中，用于修复对应的解。下面详细阐述每个破坏操作算子。

（1）RD-Destroy。这个破坏操作算子从给定的解中随机选择一些被调度的原始成像数据并移除。

（2）PD-Destroy。这个破坏操作算子以原始成像数据的优先级为引导因子，将已调度的原始成像数据按照引导因子升序排列，并依次移除被调度的原始成像数据实现破坏操作。这意味着此破坏操作算子更加偏好移除低优先级的被调度的原始成像数据。

（3）DD-Destroy。这个破坏操作算子以原始成像数据量（回放时长）为引导因子，将已调度的原始成像数据按照引导因子升序排列，并依次移除被调度的原始成像数据实现破坏操作。这意味着此破坏操作算子更加偏好移除数据量更大的被调度的原始成像数据。

（4）CD-Destroy。这个破坏操作算子以原始成像数据的工件拥堵度[26]为引导因子，如式（4-5）所示，将已调度的原始成像数据按照引导因子降序排列，并依次移除被调度的原始成像数据实现破坏操作。这意味着此破坏操作算子更加偏好移除工件拥堵度更大的被调度的原始成像数据。

（5）RT-Destroy。这个破坏操作算子从给定的解中随机选择一些回放任务，并移除它们包含的（分割）成像数据，实现移除对应的原始成像数据，从而破坏给定解。

（6）PT-Destroy。这个破坏操作算子的引导因子与 PD-Destroy 类似，考虑每个回放任务传输的所有成像数据的优先级，记为 GI_PT。以回放任务 dt 为例，这个操作算子的引导因子定义为

$$GI\_PT(dt) = \sum_{od \in dt.dSet} (od.\omega) \tag{6-30}$$

其中，dt.dSet 为 dt 回放的所有成像数据。

PT-Destroy 基于 GI_PT 的函数值，升序排列所有回放任务。此外，每个回放任务内的成像数据按照 PD-Destroy 的引导因子升序排列。依次移除它们包含的（分割）成像数据，实现移除对应的原始成像数据，从而破坏给定解。这意味着此破坏操作算子更加偏好移除回放收益更低的回放任务内的成像数据。

---

① 禁忌池的空间大小是自适应的，本章将在仿真实验部分详细分析禁忌池的空间大小对算法效率的影响。

（7）WT-Destroy。这个破坏操作算子以回放任务的工作时长为引导因子，将所有回放任务按照引导因子降序排列。此外，每个回放任务内的成像数据按照DD-Destroy 的引导因子降序排列。依次移除它们包含的（分割）成像数据，实现移除对应的原始成像数据，从而破坏给定解。这意味着此破坏操作算子更加偏好移除工作时长更长的回放任务内的成像数据。

（8）CT-Destroy。这个破坏操作算子的引导因子与 CD-Destroy 类似，考虑每个回放任务传输的所有成像数据的工件拥堵度，记为 GI_CT。以回放任务 dt 为例，这个操作算子的引导因子定义为

$$GI\_CT(dt) = \sum_{od \in dt.dSet} \left(GI\_CD(od) \right) \qquad (6\text{-}31)$$

CT-Destroy 以回放任务的工件拥堵度为引导因子，将所有回放任务按照引导因子降序排列。此外，每个回放任务内的成像数据按照 CD-Destroy 的引导因子降序排列。依次移除它们包含的（分割）成像数据，实现移除对应的原始成像数据，从而破坏给定解。这意味着此破坏操作算子更加偏好移除工件拥堵度更大的回放任务内的成像数据。

2）修复操作算子

所有未被调度的原始成像数据被存放在原始成像数据池 F 中，所有处于 F 而不在 B 内的原始成像数据将被修复操作算子选择并插入修复解中，从而产生后代解。此外，修复操作算子调用 RGHA，将被选择原始成像数据插入修复解中。本章设计四类修复操作算子。

（1）R-Repair。这个修复操作算子从其对应的邻域中随机选择一些未被调度且不在禁忌池 B 中的原始成像数据，并尝试将它们插入修复解中。

（2）P-Repair。这个修复操作算子以原始成像数据的优先级为引导因子，将所有处于 F 而不在 B 内的原始成像数据按照其引导因子的数值降序排列，并依次选择原始成像数据，尝试将其插入修复解中。这意味着此修复操作算子更加偏好选择优先级更高的原始成像数据。

（3）S-Repair。这个修复操作算子以原始成像数据的可用传输窗口数量为引导因子，将所有处于 F 而不在 B 内的原始成像数据按照其对应的优先级升序排列，并依次选择原始成像数据，尝试将其插入修复解中。这意味着此修复操作算子更加偏好可回放机会较少的原始成像数据。

（4）C-Repair。这个修复操作算子的引导因子与 CD-Destroy 相似。C-Repair 基于其引导因子，将所有处于 F 而不在 B 内的原始成像数据升序排列，并从队首开始依次尝试将它们插入修复解中。这意味着此修复操作算子更加偏好选择工件拥堵度更小的原始成像数据。

6.3　仿真实验分析

面对强大的遥感信息获取能力与相对落后的数据接收能力之间的矛盾不断被激化的现状，本章研究 D-SIDSP，探索解决其动态特性问题的办法。因此，本节将深入分析成像数据可分割性和回放时序可调整性对 D-SIDSP 的影响；分析自适应多目标模因算法（ALNS + NSGA-Ⅱ）求解 D-SIDSP 的效能及所有操作算子的进化。此外，本节设计并生成丰富的仿真测试场景，用于本章的仿真实验分析。

此外，面向 D-SIDSP 的特点，本节调整 ALNS + NSGA-Ⅱ 的一些参数设置，如表 6-4 所示。

表 6-4　ALNS + NSGA-Ⅱ 的一些参数设置调整

参数	含义	数值
NS	所有种群的规模	100
NBest	精英种群的规模	50
NA	补充种群的规模	100
MaxIter	最大迭代次数	200
TR	禁忌池 B 长度相对已规划的地面目标总数的比例	[0, 0.2]
σ_1	新解支配所有已有解，操作算子的得分	30
σ_2	新解支配当前帕累托前沿上的一个解，操作算子的得分	20
σ_3	新解是非支配解，处在当前帕累托前沿上，操作算子的得分	10
σ_4	新解被当前帕累托前沿上的所有解支配，操作算子的得分	$\{0, 1\}$[①]
λ	控制权重更新对实时得分敏感度的参数	0.5

6.3.1　测试算例生成

OSPFEOS 和 SIDSP 领域目前还没有公认的标准测试集，一些研究[9, 37, 55]中使用的仿真测试场景均源于工程实践中使用的实际场景数据。不失一般性，本节借鉴此仿真测试场景构造思想，设计、生成本章的测试场景。下面从可用地面站、对地观测卫星及原始成像数据生成三个方面描述测试场景的生成方法。

---

① 借鉴模拟退火思想，本书考虑接收部分劣解，接收概率为 0.1。

1. 可用地面站

不同于美国的全球布站[89]，我国的地面站多数分布在我国境内。据公开可查数据，我国现有三个国内地面站[29]（包括密云站（坐落于 40°N/117°E，在北京市附近）、喀什站（坐落于 39°N/76°E，位于新疆维吾尔自治区）和三亚站（坐落于 18°N/109°E，位于我国边陲海南省），称为一般地面站）和一个境外地面站[30]（北极站（坐落于 67°N/21°E，位于北极附近），称为极地地面站）。因此，本章考虑四个可用的地面站，即三个一般地面站和一个极地地面站。

2. 对地观测卫星

本章选取我国 10 颗先进的低轨光学对地观测卫星，包括 3 颗高分系列卫星、4 颗高景系列卫星和 3 颗资源系列卫星。十颗卫星的具体参数如表 2-2 所示。另外，基于卫星可见时间窗口计算模型可以计算所有卫星与可用地面站之间的可用传输窗口。

3. 原始成像数据生成

根据卫星与可用地面站之间的可用传输窗口，可知 24h 内（卫星飞行约 14.5 圈）每颗卫星的所有可用传输窗口时长总和平均只有 1500s。因此，每颗卫星每圈只有约 100s 的可用数传时长，这将限制每颗卫星的原始成像数据量。

考虑可用地面站类型，本节设计三类仿真场景，即一般分布（normal distribution，ND）、极地分布（polar distribution，PD）及混合分布（mixed distribution，MD）。其中，一般分布考虑三个一般地面站，极地分布只考虑一个极地地面站，混合分布考虑所有四个地面站。此外，对应不同类型的仿真场景，其包含的原始成像数据生成方法如表 6-5 所示。此外，每类仿真场景中都包含所有卫星。

表 6-5　原始成像数据生成方法

场景类型	可用地面站	原始成像数据量
ND	三个一般地面站	分布于[50, 500]s，粒度为 50s
PD	一个极地地面站	分布于[50, 500]s，粒度为 50s
MD	所有四个地面站	分布于[100, 1000]s，粒度为 100s

此外，每个原始成像数据的优先级服从[1, 10]的均匀分布，其数据量（数传时长）服从[10, 200]s 的均匀分布。不同卫星类型的原始成像数据量略有区别，3 颗高分系列卫星的原始成像数据量服从[60, 120]s 的均匀分布，4 颗高景系列卫星

的原始成像数据量服从[10, 60]s 的均匀分布，剩余 3 颗资源系列卫星的原始成像数据量服从[120, 200]s 的均匀分布，其有效期根据式（2-9）计算。此外，根据原始成像数据的释放时间和有效期，本节剔除所有不在 D-SIDSP 有效调度时间范围内的原始成像数据。

6.3.2　Segment & Rearrange 影响分析

D-SIDSP 的成像数据可分割性和回放时序可调整性是其区别于传统 SIDSP 的主要原因，因此，本节将从多个角度深入分析这两种新属性对求解 D-SIDSP 的影响。分析实验之前，本节定义一个实验组和三个对照组。

（1）实验组完全考虑上述两个新属性，记为 Segment & Rearrange。Segment & Rearrange 中原始成像可以被分割，且所有成像数据的回放顺序没有限制。

（2）第一个对照组记为 Segment & FOFD。Segment & FOFD 中原始成像数据可以被分割，但是所有成像数据的回放必须按照 FOFD 原则[22, 23]，即按照其释放时间升序依次进行回放。此外，无法完全回放的原始成像数据直接被删除。

（3）第二个对照组记为 Unsegment & Rearrange。Unsegment & Rearrange 中所有原始成像数据不可以被分割（unsegment），但是成像数据的回放顺序没有限制。此对照组的回放策略与 Karapetyan 等[9]的一致。

（4）第三个对照组记为 Unsegment & FOFD。Unsegment & FOFD 中所有原始成像数据不可以被分割，且所有成像数据的回放必须按照 FOFD 原则，即按照其释放时间升序依次进行回放。

本节以精英解对应的优化目标函数值和超体积为评估指标，对比分析 ALNS + NSGA-Ⅱ基于上述四个组别求解 D-SIDSP 的效能，对比结果如表 6-6 所示。其中，$\overline{v_1}$ 和 $\overline{v_2}$ 分别为 ALNS + NSGA-Ⅱ迭代寻优结束后的精英解的原始成像数据损失和卫星被服务均衡度这两个优化目标函数的平均值。

表 6-6　ALNS + NSGA-Ⅱ求解 D-SIDSP 的对比结果

场景	Segment & Rearrange			Segment & FOFD			Unsegment & Rearrange			Unsegment & FOFD		
	h	$\overline{v_1}$	$\overline{v_2}$	h	$\overline{v_1}$	$\overline{v_2}$	h	$\overline{v_1}$	$\overline{v_2}$	h	$\overline{v_1}$	$\overline{v_2}$
ND-50	316.84	0.1670	0.6689	207.54	0.3163	0.7240	309.49	0.1799	0.7096	207.27	0.3239	0.7121
ND-100	472.81	0.1541	0.5660	196.71	0.4424	0.7770	458.27	0.1653	0.5871	191.17	0.4383	0.7713
ND-150	569.64	0.2922	0.3720	160.73	0.6045	0.7297	530.49	0.2967	0.4088	159.42	0.6130	0.7176
ND-200	629.68	0.2648	0.2500	158.65	0.5966	0.7188	596.52	0.3109	0.2513	152.99	0.6281	0.6933
ND-250	551.76	0.3672	0.2631	133.43	0.6774	0.6897	496.99	0.3848	0.2934	128.10	0.6946	0.6794

续表

场景	Segment & Rearrange			Segment & FOFD			Unsegment & Rearrange			Unsegment & FOFD		
	h	$\overline{v_1}$	$\overline{v_2}$	h	$\overline{v_1}$	$\overline{v_2}$	h	$\overline{v_1}$	$\overline{v_2}$	h	$\overline{v_1}$	$\overline{v_2}$
ND-300	493.92	0.4434	0.2462	110.45	0.7231	0.6902	470.88	0.4680	0.2424	112.69	0.7247	0.6945
ND-350	437.18	0.5126	0.2445	89.65	0.7885	0.6841	399.07	0.5526	0.2539	90.09	0.7834	0.6982
ND-400	421.30	0.5365	0.2419	89.45	0.7948	0.6926	403.42	0.5535	0.2514	90.68	0.7744	0.7067
ND-450	395.82	0.5858	0.2311	83.83	0.7971	0.6854	368.38	0.5936	0.2544	86.56	0.7820	0.7239
ND-500	362.96	0.5962	0.2215	69.98	0.8274	0.7093	355.42	0.5972	0.2320	66.06	0.8334	0.7066
PD-50	372.43	0.0250	0.7184	225.81	0.2722	0.7549	374.48	0.0250	0.7170	226.24	0.2630	0.7592
PD-100	502.76	0.1946	0.5164	191.99	0.4952	0.7215	485.57	0.1989	0.5300	191.25	0.4977	0.7137
PD-150	559.96	0.2390	0.4253	166.67	0.6019	0.6905	532.71	0.2787	0.4599	174.18	0.5627	0.7179
PD-200	498.98	0.3876	0.3842	134.88	0.6807	0.6881	469.78	0.3894	0.4120	142.45	0.6821	0.6626
PD-250	488.29	0.4289	0.3263	118.11	0.7341	0.6789	467.34	0.4368	0.3263	116.92	0.7335	0.6789
PD-300	431.23	0.4938	0.3121	87.15	0.7941	0.6724	420.96	0.5062	0.3320	90.34	0.7986	0.6609
PD-350	436.85	0.4957	0.2885	83.75	0.7976	0.7097	407.76	0.5103	0.2934	82.33	0.7923	0.7039
PD-400	421.58	0.5139	0.2756	78.60	0.8215	0.7063	416.54	0.5287	0.3110	77.34	0.8289	0.6921
PD-450	372.76	0.5758	0.2873	65.49	0.8522	0.6837	363.81	0.5760	0.3157	69.57	0.8398	0.6797
PD-500	320.05	0.6378	0.2916	61.79	0.8562	0.6937	311.96	0.6463	0.3139	60.98	0.8683	0.6439
MD-100	412.62	0.0917	0.6448	207.45	0.3457	0.7749	409.15	0.0959	0.6554	205.98	0.3565	0.7772
MD-200	563.55	0.1681	0.4526	178.13	0.5136	0.7549	547.41	0.1837	0.4740	185.03	0.5144	0.7385
MD-300	513.92	0.3465	0.3584	131.72	0.6452	0.7507	496.03	0.3474	0.4394	133.06	0.6352	0.7415
MD-400	463.54	0.4621	0.3176	108.03	0.7309	0.7165	439.27	0.4683	0.3738	104.44	0.7245	0.7228
MD-500	397.26	0.5433	0.3139	85.34	0.7774	0.7422	380.26	0.5466	0.3673	86.39	0.7754	0.7262
MD-600	379.19	0.5871	0.3128	73.98	0.7950	0.7594	353.16	0.5917	0.3686	74.64	0.8026	0.7483
MD-700	328.98	0.6186	0.3246	65.00	0.8271	0.7073	318.61	0.6280	0.3737	65.51	0.8304	0.6981
MD-800	296.50	0.6627	0.3062	53.57	0.8578	0.7329	283.54	0.6700	0.3529	55.34	0.8448	0.7363
MD-900	275.36	0.6846	0.3196	47.08	0.8711	0.7514	262.32	0.6960	0.3577	50.58	0.8622	0.7385
MD-1000	246.18	0.7086	0.3266	45.08	0.8754	0.7608	238.42	0.7266	0.3834	47.51	0.8678	0.7415

注：为了更显著观察到它们超体积之间的差距，此处将超体积扩大 1000 倍，记为 h。

（1）Segment & Rearrange 和 Unsegment & Rearrange 为考虑回放时序可调整性的两个组，其对应的 ALNS + NSGA-Ⅱ迭代寻优结束后的精英解的两个优化目标函数的平均值显著小于考虑 FOFD 的两个组。原始成像数据损失越小，回放收益越大；卫星被服务均衡度越小，传输窗口被使用得越多，且每颗卫星被服务得越平衡。这意味着回放时序可调整性不仅保证了更多、更高收益的成像数据被回放，而且促使了传输窗口的充分使用及卫星被服务的均衡。

（2）Segment & Rearrange 和 Segment & FOFD 为考虑成像数据可分割性的两个组，其对应的 ALNS + NSGA-Ⅱ迭代寻优结束后的精英解的两个优化目标函数的平均值相对于考虑成像数据不可分割的两个组，不具有绝对优势。对于部分测试场景，Segment & FOFD 的优化目标函数值略差于 Unsegment & FOFD。但是 Segment & Rearrange 的表现始终优于 Unsegment & Rearrange。

（3）ALNS + NSGA-Ⅱ迭代寻优结束后的帕累托前沿对应的超体积数值关系进一步反映了成像数据可分割性和回放时序可调整性对算法求解 D-SIDSP 的影响。其中，考虑回放时序可调整性的两个组对应的超体积显著大于考虑 FOFD 的两个组，考虑成像数据可分割性的两个组对应的超体积与考虑成像数据不可分割的两个组相仿。但是，同时考虑成像数据可分割性和回放时序可调整性的 Segment & Rearrange 总获得最大的超体积。

为了更直观地观察成像数据可分割性和回放时序可调整性对 ALNS + NSGA-Ⅱ求解 D-SIDSP 效能的影响，本节选择四个测试场景，绘制基于不同组别 ALNS + NSGA-Ⅱ搜索到的帕累托前沿及搜索过程中的迭代超体积变化曲线，如图 6-4 所示。黑色点线、蓝色点线、红色点线及绿色点线分别对应基于 Segment & Rearrange、Segment & FOFD、Unsegment & Rearrange 和 Unsegment & FOFD，ALNS+NSGA-Ⅱ搜索到的帕累托前沿或者迭代超体积。

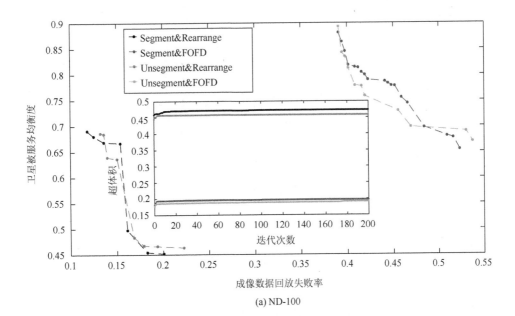

(a) ND-100

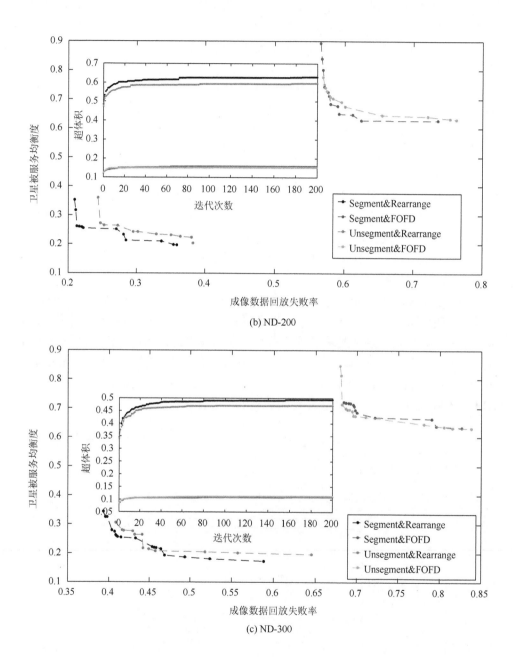

(b) ND-200

(c) ND-300

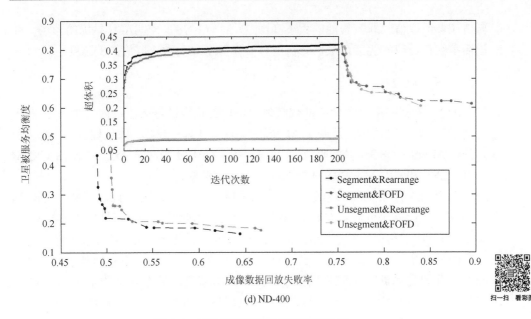

(d) ND-400

图 6-4 帕累托前沿和迭代超体积示例

图 6-4 明确显示基于回放时序可调整性的 ALNS + NSGA-Ⅱ求解 D-SIDSP 的效能显著支配着基于 FOFD 的 ALNS + NSGA-Ⅱ求解 D-SIDSP 的效能。

单独考虑成像数据可分割性或者基于成像数据不可分割性，ALNS + NSGA-Ⅱ求解 D-SIDSP 的效能都没有表现出显著的支配关系。结合成像数据可分割性和回放时序可调整性显然更能够发挥 ALNS + NSGA-Ⅱ求解 D-SIDSP 的效能，这是因为基于 Segment & Rearrange 的 ALNS + NSGA-Ⅱ的求解质量恒优于基于 Segment & FOFD 的 ALNS + NSGA-Ⅱ的求解质量，而且随着测试场景规模的增加，此优势更加明显。

此外，基于任何组别，ALNS + NSGA-Ⅱ求解 D-SIDSP 总是可以在很少的迭代次数内（大约 10 次）达到稳定，因此，有理由认为 ALNS + NSGA-Ⅱ的收敛性非常好。

综上所述，结合成像数据可分割性和回放时序可调整性的 Segment & Rearrange 不仅有利于传输更多、优先级更高的原始成像数据，而且能够保证传输窗口的使用充分而均衡。因此，后续仿真分析只考虑 Segment & Rearrange。

6.3.3 ALNS + NSGA-Ⅱ进化

为了详细分析 ALNS + NSGA-Ⅱ的算法进化，本节首先分析 ALNS + NSGA-Ⅱ的进化机制（NSGA-Ⅱ）的优势，阐述算法求解 D-SIDSP 的收敛性，然后分析

自适应参数取值（即禁忌池的大小（$|B|$））对 ALNS + NSGA-Ⅱ寻优的影响，并说明参数自适应的优势，最后分析所有操作算子对参数 λ 取值的敏感度。

1. 算法收敛性

ALNS + NSGA-Ⅱ寻优的迭代超体积可以在很少的迭代次数内（大约 10 代）达到稳定，这一定程度上反映了 ALNS + NSGA-Ⅱ具有较好的收敛性。本节为了深入分析 ALNS + NSGA-Ⅱ的收敛性，以 ALNS + CREM 为对照算法。ALNS + CREM 结合 ALNS 和 CREM，CREM 要求随机保留精英解。

基于 MD 的所有测试场景，分别独立重启 ALNS + NSGA-Ⅱ和 ALNS + CREM 各 50 次，统计每次重启它们寻优的最终超体积，由此绘制的箱线图如图 6-5 所示。其中，黑色箱子和蓝色箱子分别刻画 ALNS + NSGA-Ⅱ和 ALNS + CREM 的 50 次重启的最终超体积，红色加号表示异常值。此外，为了更加直观地观察 ALNS + NSGA-Ⅱ的进化机制（NSGA-Ⅱ）的优势，本节选取五个测试场景（MD-100～MD-500），分别绘制 ALNS + NSGA-Ⅱ和 ALNS + CREM 基于它们重启 50 次搜索到的最优帕累托前沿（图 6-5 的五个子图）。

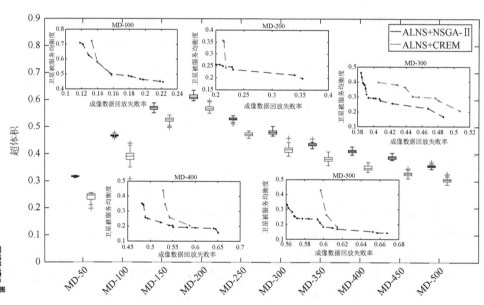

扫一扫　看彩图

图 6-5　ALNS + NSGA-Ⅱ和 ALNS + CREM 的收敛分布

（1）基于所有测试场景，黑色箱子的位置总是高于蓝色箱子的位置，这意味着 ALNS + NSGA-Ⅱ搜索到的精英解恒优于 ALNS + CREM 搜索到的精英解。

（2）基于所有测试场景，黑色箱子的长度显著短于蓝色箱子的长度，而且黑

色箱子的红色加号数量总是少于蓝色箱子的红色加号数量。这反映出 ALNS +
NSGA-Ⅱ能够稳定地搜索到满意或者最优帕累托前沿。

（3）基于五个测试场景，两个算法对应的帕累托前沿位置分布也反映了
ALNS + NSGA-Ⅱ的进化机制（NSGA-Ⅱ）更为优秀。一方面，ALNS + NSGA-
Ⅱ对应的帕累托前沿始终位于 ALNS + CREM 对应的帕累托前沿之下。另一方面，
ALNS + NSGA-Ⅱ对应的帕累托前沿的长度总是长于 ALNS + CREM 对应的帕累
托前沿的长度。更长的帕累托前沿反映出解的多样性更好。

综上所述，ALNS + NSGA-Ⅱ具有良好的收敛性和出色的寻优能力，是一类
适合求解 D-SIDSP 的算法。

2. 参数自适应

禁忌池 B 的空间大小（$|B|$）是影响 ALNS 的重要因素，本章将参数 $|B|$ 设为
自适应的，取值范围为[0, 0.2]。为了深入分析参数自适应的优势，本节设计两个
实验组，分别记为 Static size 和 Adaptive size。Static size 中参数 $|B|$ 是静态的，设
置 11 个值，依次设置为[0, 1][①]，粒度为 0.1。Adaptive size 中参数 $|B|$ 是动态的，
设计 10 个取值区间，区间左边值为 0，区间右边值依次设置为[0.1, 1]，步长为 0.1。

本节选取 PD 中不同规模的四个测试场景（PD-50～PD-350），令最大迭代次
数 MaxIter = 50 并基于不同参数 $|B|$ 重启 ALNS + NSGA-Ⅱ 50 次求解每个测试场
景，以最终超体积和运行时间为评估指标，如图 6-6 所示。

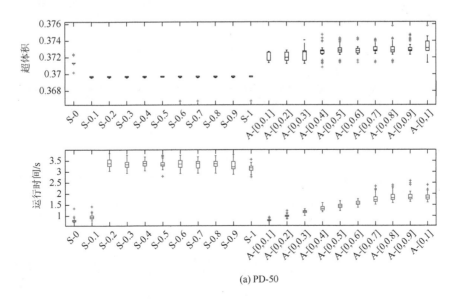

(a) PD-50

---

① 当 TR = 0 时，禁忌池失效，这意味着算法的进化完全依赖于修复操作算子。

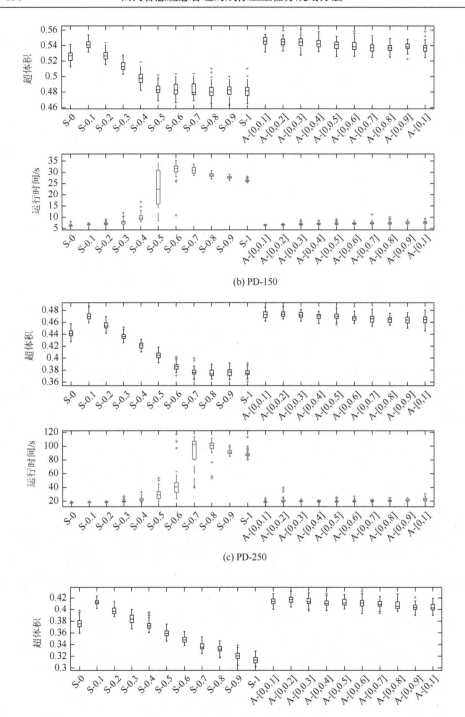

(b) PD-150

(c) PD-250

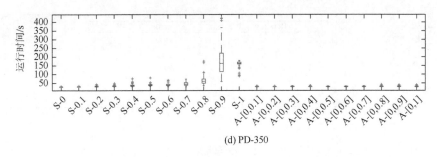

扫一扫　看彩图

(d) PD-350

图 6-6　ALNS＋NSGA-Ⅱ获取的最终超体积和算法运行时间

如图 6-6 所示，Adaptive size 下 ALNS＋NSGA-Ⅱ获取的最终超体积总是大于 Static size 下 ALNS＋NSGA-Ⅱ获取的最终超体积。此外，Adaptive size 下 ALNS＋NSGA-Ⅱ的算法运行时间显著短于 Static size 下 ALNS＋NSGA-Ⅱ的算法运行时间。因此，具有参数自适应能力的禁忌池不仅显著有助于 ALNS＋NSGA-Ⅱ搜索更好的解，而且明显缩短 ALNS＋NSGA-Ⅱ的算法运行时间。

相对于静态空间大小禁忌池，自适应空间大小禁忌池显著提升了 ALNS＋NSGA-Ⅱ的柔性。对于小规模的测试场景，如 PD-50，相对于较少的原始成像数据，可用传输窗口相对丰裕。此时，Static size 和 Adaptive size 下 ALNS＋NSGA-Ⅱ寻优的最终超体积和算法运行时间相仿。随着问题规模的不断增加，Static size 下 ALNS＋NSGA-Ⅱ的效能显著变差，只能获取较小的超体积，且算法运行时间较长。

但是，不论问题规模大小，Adaptive size 下 ALNS＋NSGA-Ⅱ总是可以获得较大的超体积，且算法运行时间合理。此外，观察四个测试场景，设置参数自适应范围为[0, 0.2]时，ALNS＋NSGA-Ⅱ的效能更高。

3. 参数 λ 取值的敏感度分析

为了分析所有操作算子（破坏操作算子和修复操作算子）的进化，即对参数 λ 设置的敏感度，本节选取 MD 中的一个测试场景（MD-500），令参数 $\lambda \in [0, 1]$，粒度为 0.1。基于参数 λ 的不同取值，独立重启 ALNS＋NSGA-Ⅱ 50 次求解 MD-500，所有操作算子的最终权重由两个箱线图绘制，如图 6-7 所示。

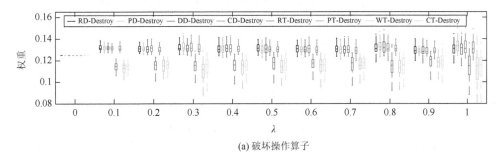

(a) 破坏操作算子

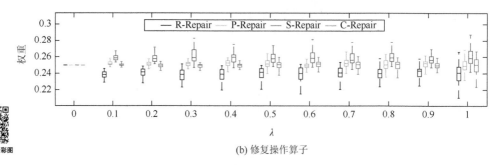

扫一扫　看彩图

(b) 修复操作算子

图 6-7　参数 λ 取值与操作算子最终权重的关系

　　基于参数 λ 的任意取值，所有操作算子（八个破坏操作算子和四个修复操作算子）最终权重的平均值总是分别徘徊于对应的同一水平线。其中，破坏操作算子的最终权重对应的水平线为 0.125，修复操作算子的最终权重对应的水平线为 0.25。这意味着所有操作算子对参数 λ 的取值不敏感，故本章的其他仿真实验中令参数 $\lambda = 0.5$。此外，破坏操作算子中，RT-Destroy、WT-Destroy 及 CT-Destroy 的表现相对弱势；修复操作算子中，P-Repair 的表现恒优于其他修复操作算子。

　　箱线图中箱子长度表示对应数据的离差，箱子越长，对应数据越混乱、离差越大。因此，四个修复操作算子的稳定性更好，八个破坏操作算子的稳定性较差。

　　破坏操作算子和修复操作算子需要成对使用，才能构造出更多、更丰富的大邻域。当参数 $\lambda = 0.5$ 时，DD-Destroy 的表现好于其他破坏操作算子，P-Repair 的表现恒优于其他修复操作算子。因此，结合 DD-Destroy 和 P-Repair 一定程度上有利于自适应多目标模因算法（ALNS + NSGA-Ⅱ）更快地构造出更多、质量更好的解。

6.3.4　ALNS + NSGA-Ⅱ效能分析

　　Karapetyan 等[9]设计了四类算法用于求解传统 SIDSP，包括随机贪心自适应搜索算法（greedy randomized adaptive search algorithm，GRASA）、弹射链（ejection chain，EC）算法、模拟退火（simulated annealing，SA）算法及禁忌搜索（tabu search，TS）算法，其中，前三个算法①基于变邻域，且依赖于一个交叉操作算子实现算法。因此，基于这三个算法，本节设计三个对比算法，即 GRASA + NSGA-Ⅱ、EC + NSGA-Ⅱ 及 SA + NSGA-Ⅱ，用于分析本章的自适应多目标模因算法（ALNS + NSGA-Ⅱ）的效能。此外，为了求解 D-SIDSP，需要丰富这三个算法，首先加入成像数据分割方案 ODCS（），然后将它们与 NSGA-Ⅱ结合。

　　本节选取 MD 中的所有测试场景，用于对比分析上述四个算法的效能。为了

---

① 相关研究表明 TS 的表现比较差，因此本章不考虑 TS。

消除其他影响因素，对于任意测试场景，四个算法都基于相同初始解进行迭代，而且考虑这四个算法的迭代机制差异，本节设置相同的最大算法运行时间（maximum running time，RT），单位为 s，用于控制算法的运行。RT 的取值依赖于对应的测试场景规模，定义为

$$RT = 0.8 \times n_{gt} \tag{6-32}$$

基于每个测试场景，四个算法求解的帕累托前沿和迭代超体积如图 6-8 所示。无论测试场景规模大小，ALNS + NSGA-II 的表现都显著优于其他三个对比算法。

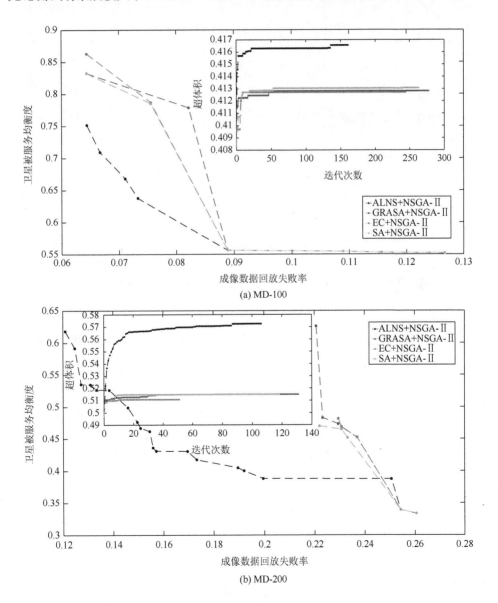

(a) MD-100

(b) MD-200

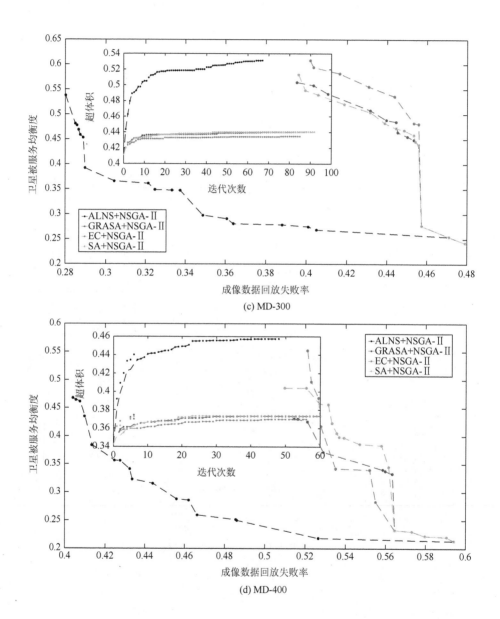

(c) MD-300

(d) MD-400

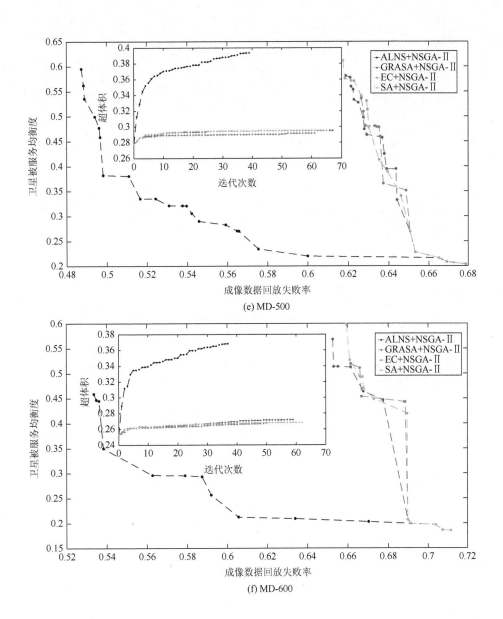

(e) MD-500

(f) MD-600

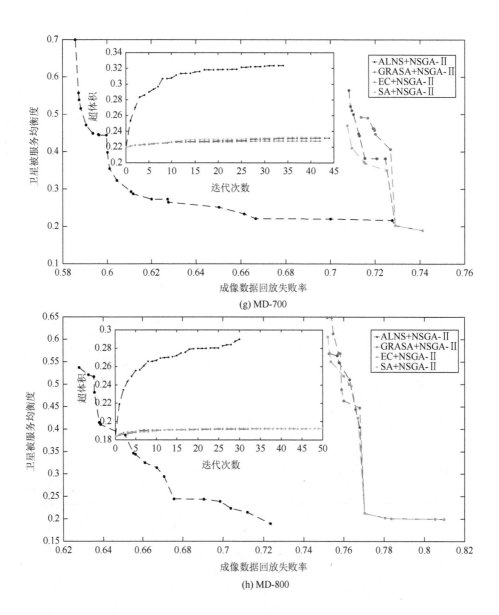

(g) MD-700

(h) MD-800

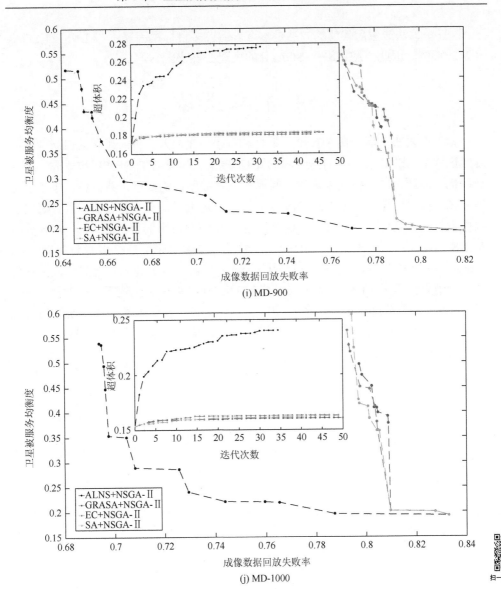

图 6-8　四个算法求解的帕累托前沿和迭代超体积

随着测试场景规模的增加，ALNS + NSGA-II 的表现优于三个对比算法的程度愈加显著。ALNS + NSGA-II 获取的帕累托前沿总是位于三个对比算法获取的帕累托前沿之下，ALNS + NSGA-II 搜索的迭代超体积也恒大于三个对比算法搜索的迭代超体积。

GRASA、EC 和 SA 的后代解都是基于一个交叉操作算子产生的，而且 Karapetyan 等[9]明确表示这个交叉操作算子每次只交换一个原始成像数据。事实上，这三个算法产生后代解的方法是本章自适应多目标模因算法（ALNS + NSGA-Ⅱ）的特例。因此，ALNS + NSGA-Ⅱ的表现必然支配它们。

6.4　本　章　小　结

本章深入研究新一代 SIDSP，即 D-SIDSP。在深入分析问题和认识问题复杂度（证明 D-SIDSP 是 NP-Hard 问题）的基础上，本章将 D-SIDSP 构建成一个双目标优化问题，同时优化成像数据回放和卫星被服务均衡度，并调整、丰富了自适应多目标模因算法（ALNS + NSGA-Ⅱ）。通过大量仿真实验分析，重点研究了成像数据可分割性和回放时序可调整性给 D-SIDSP 带来的新挑战。为了深入分析 ALNS + NSGA-Ⅱ 的求解 D-SIDSP 的效能，本章设计了三个多目标进化算法（GRASA + NSGA-Ⅱ、EC + NSGA-Ⅱ 和 SA + NSGA-Ⅱ）作为对比算法，大量仿真分析结果揭示了 ALNS + NSGA-Ⅱ 求解 D-SIDSP 的表现远优于三个对比算法。

此外，本章从理论上证明了 D-SIDSP 的复杂度，系统梳理了 D-SIDSP 的组成并进行了数学化语言描述，相关数学模型系统、清晰地描述了 D-SIDSP。

第7章 卫星一体化任务规划问题研究

第3~5章主要研究了OSPFEOS，分别针对对地观测卫星的一类新型对地观测能力（第3章对应快速姿态机动能力，第4章和第5章对应主动成像能力），第6章深入剖析了D-SIDSP，以上内容只单独考虑卫星获取遥感信息（卫星成像观测）过程或者遥感信息传输（成像数据回放）过程。然而，对地观测卫星参与应急管理、提供信息支援、成功将获取的遥感信息传输到应急管理部门，既需要完成卫星成像观测还要求完成成像数据回放。因此，本章将综合考虑卫星成像观测和成像数据回放，进行一体化任务规划，实现支援信息快速、准确、高效地送达应急管理部门。

自人类首颗对地观测卫星[19]成功发射至今，遥感信息获取相关技术发展了半个世纪有余。现有针对对地观测卫星任务规划（包含卫星成像观测任务规划和卫星成像数据回放任务规划）的研究丰富而多样[59]，大致可以分为三类。第一类研究只关注卫星成像观测任务规划[26, 38, 40, 41, 54, 55]或者只关注卫星成像数据回放任务规划[57, 66, 67, 96]。他们将卫星成像观测和卫星成像数据回放分离考虑，称为分离式调度模式。第3~5章研究的OSPFEOS都隶属此类。第二类研究重点关注卫星成像观测任务规划[22, 56-58]或者卫星成像数据回放任务规划[9, 52, 57, 74]，通过将另一个环节转化为约束条件的方式，一定程度进行了一体化任务规划，称为妥协式调度模式。第6章研究的D-SIDSP则属于此类。第三类综合考虑卫星成像观测任务规划和卫星成像数据回放任务规划，称为协同式调度模式[23, 53, 56, 58, 97]。但是此类研究（即ISPFEOS研究）数量稀少，而且多数专注于求解算法的设计，对问题描述、问题分析、模型构建等关注甚少，Bianchessi和Righini[53]的研究中甚至缺失必要的问题建模。此外，现有的分离式调度模式、妥协式调度模式、协同式调度模式的研究大多只考虑一种卫星一体化任务规划模式。

基于ISPFEOS研究现状，本章将深入分析上述三类一体化任务规划模式对描述、求解ISPFEOS的应用效能、优缺点。本章的主要工作如下。

（1）系统梳理ISPFEOS，提出一套系统的ISPFEOS规范化描述方法。

（2）提出三类卫星一体化任务规划模式，即分离式调度模式、妥协式调度模式和协同式调度模式，并分析三者的优劣。

（3）同时优化支援信息获取失败率和卫星综合能源消耗，将ISPFEOS构建为一个双目标优化问题。

（4）提出一套 ISPFEOS 研究测试算例生成方法。

7.1　问　题　描　述

本节将从问题元素构成和约束条件两个方面系统描述 ISPFEOS。此外，结合此领域的现有研究及前面的研究，本节提出一系列假设，用于标准化 ISPFEOS。

【假设 7-1】　本章的研究对象都是光学对地观测卫星。

【假设 7-2】　本章只考虑卫星一次过境可以完整观测覆盖的地面目标。

【假设 7-3】　需要观测的地面目标数量总是冗余的[47]，本章假设每个地面目标至多只需要被观测一次，且其形成的成像数据最多同样只需要被回放一次。

【假设 7-4】　本章假设卫星相机是一直处于开机状态的，即不需要考虑任务合成，因此，一个观测任务即对应一个地面目标。

【假设 7-5】　本章研究的卫星只考虑记录→回放模式[22]，即必须完成地面目标观测，形成完整的原始成像数据，才可以进行成像数据回放。

【假设 7-6】　本章重点关注 ISPFEOS，因此，本章假设所有成像数据必须按照 FOFD[23]原则依次回放卫星成像数据，且每个成像数据不可以被分割，必须一次性完整回放[9]。

【假设 7-7】　本章不将中继卫星[93]纳入可用的成像数据接收系统。

【假设 7-8】　本章假设每个对地观测卫星系统和地面站系统只安装一个数据传输/接收天线。换而言之，在同一时刻，一个地面站只能接收一个对地观测卫星的成像数据，即一个对地观测卫星只能向一个地面站回放其成像数据。

【假设 7-9】　如果任意卫星成像数据已经被回放或者过期，本章假设它所占据的卫星存储空间将被释放，且此存储空间将可以被再次利用。

【假设 7-10】　本章假设每个卫星成像数据对应的观测任务的成像时长和其对应的回放任务的回放时长相等[22]。此外，本章采用卫星成像数据对应的观测任务的成像时长表示其数据量。

ISPFEOS 显然比 OSPFEOS 和 SIDSP 中的任何一个问题都要复杂[23]。因此，在研究之前，我们需要系统梳理 ISPFEOS 的元素构成和约束条件。基于前面众多假设，ISPFEOS 可以描述为

$$P = \{St, Et, \mathcal{S}, \mathcal{G}, TW, GT, OT, DT, Con\} \tag{7-1}$$

7.1.1　构成元素

ISPFEOS 的构成元素包括调度时间、参与的对地观测卫星、地面站、传输窗口、需要被观测的地面目标、生成的观测任务和回放任务。

（1）[St,Et] 为 P 有效调度时间范围。

（2）$\mathcal{S} = \left\{\varsigma, |\mathcal{S}| = n_\varsigma\right\}$ 为 P 考虑的所有对地观测卫星。结合 ISPFEOS 的特点，任意对地观测卫星 ς 可以表示为

$$\varsigma = \left\{\mathrm{Id}, \Theta, \gamma, \pi, \psi, d_0\right\} \tag{7-2}$$

其中，Id 为 ς 的唯一身份标志；Θ 为 ς 的最大储存空间，单位为 s；γ、π 和 ψ 分别为 ς 的最大滚动角、最大俯仰角和最大偏航角，这三个姿态角限制了卫星与地面目标的可见性；d_0 为卫星每次观测任务的最短成像时长或者每个回放任务的最短工作时长。

（3）$\mathcal{G} = \left\{g, |\mathcal{G}| = n_g\right\}$ 为 P 的所有可用的地面站。任意地面站 g 可以表示为

$$g = \left\{\mathrm{Id}, \mathrm{lat}, \mathrm{lon}, \mathrm{alt}, \gamma, \pi\right\} \tag{7-3}$$

其中，Id 为 g 的唯一身份标志；{lat,lon,alt} 分别为 g 的地理纬度、经度、高度，用于描绘地面站的地理位置；γ 和 π 分别为地面站天线的最大滚动角和最大俯仰角，这两个角度限制了地面站与卫星之间的可见性。

（4）$\mathrm{TW} = \left\{\mathrm{tw}, |\mathrm{TW}| = n_{\mathrm{tw}}\right\}$ 为 P 有效调度时间范围内，对地观测卫星与地面站之间的所有传输窗口。结合 ISPFEOS 的特点，本节调整传输窗口的属性。任意传输窗口 tw 可以表示为

$$\mathrm{tw} = \left\{g, \mathrm{vtw}\right\} \tag{7-4}$$

其中，g 为 tw 隶属的地面站；vtw 为 tw 的可见时间窗口，且定义为

$$\mathrm{vtw} = \left\{\mathrm{Id}, \varsigma, s, e\right\} \tag{7-5}$$

其中，{Id,ς} 确认了 vtw 的身份，Id 为 vtw 的编号，ς 为它隶属的卫星；s 和 e 分别为 vtw 的开始时间和结束时间。

（5）$\mathrm{GT} = \left\{\mathrm{gt}, |\mathrm{GT}| = n_{\mathrm{gt}}\right\}$ 为 P 有效调度时间范围内，待规划的地面目标全集。结合 ISPFEOS 的特点，本节调整地面目标的属性。任意地面目标 gt 可以表示为

$$\mathrm{gt} = \left\{\mathrm{Id}, \mathrm{lat}, \mathrm{lon}, \mathrm{alt}, \omega, d, o, \mathrm{vtw}\right\} \tag{7-6}$$

其中，Id 为 gt 的唯一身份标志；{lat,lon,alt} 为 gt 的地理位置，分别对应经度、纬度和高度；ω 为 gt 的优先级；d 为 gt 需求成像时长，对应用户（相关应急管理部门）可以根据自身需求设置的成像时长；o 为卫星观测 gt 形成的成像数据的有效期，称为数据有效期，与第 6 章定义一致，gt 的数据有效期与其优先级相关[57]；vtw 为 gt 的可见时间窗口，如式（7-5）所示。

（6）$\mathrm{OT} = \left\{\mathrm{ot}, |\mathrm{OT}| = n_{\mathrm{ot}}\right\}$ 为 P 有效调度时间范围内，形成的所有观测任务。任意观测任务 ot 可以表示为

$$\mathrm{ot} = \left\{\mathrm{Id}, \mathrm{gt}, b, e, \pi_o, \gamma_o, \psi_o, \pi_\infty, \gamma_\infty, \psi_\infty\right\} \tag{7-7}$$

其中，Id 为 ot 的唯一身份标志；gt 为 ot 对应的地面目标；b 和 e 分别为 ot 的观测开始时间和观测结束时间，且观测窗口属于其对应地面目标可见时间窗口，即 $[b,e] \in [\text{gt.vtw.s, gt.vtw.e}]$；$\pi_o$、$\gamma_o$、$\psi_o$、$\pi_\infty$、$\gamma_\infty$ 和 ψ_∞ 分别为 ot 的开始俯仰角、开始滚动角、开始偏航角、结束俯仰角、结束滚动角及结束偏航角。

（7）$\text{DT} = \{\text{dt,} |\text{DT}| = n_{\text{dt}}\}$ 为 P 有效调度时间范围内，形成的所有回放任务。承接第 6 章的回放任务结构体，本章增加了一个属性。任意回放任务 dt 可以定义为

$$\text{dt} = \{\text{Id,} b, e, d, \text{tw,} \varsigma, \text{dSet}\} \tag{7-8}$$

其中，Id 为 dt 的唯一身份标志；b 和 e 分别为 dt 的开始时间和结束时间；d 为 dt 的持续时长，且满足约束 $d = \sum_{\text{ot} \in \text{dSet}} \text{ot.d}$；tw 为执行回放任务 dt 对应的传输窗口；$\varsigma$ 为增加属性，代表 dt 隶属的卫星；dSet 为 dt 所回放的成像数据对应的全体观测任务，它包含的每个元素如式（7-8）所示。dSet 中的所有成像数据对应的卫星必须与 dt 隶属的卫星一致，即 $\varsigma = \text{ot.gt.}\varsigma, \forall \text{ot} \in \text{dSet}$。

7.1.2　约束条件

基于现有众多卫星任务规划研究和前面的研究，本章的 ISPFEOS 考虑的约束条件分为时间类约束条件和执行类约束条件。其中，沿承第 3 章、第 6 章的约束条件归纳，本章的 ISPFEOS 也考虑四类时间类约束条件，包括可见时间约束、逻辑时间约束、姿态机动时间约束及天线校对时间约束。结合 ISPFEOS 的特点，本章还考虑一种执行类约束条件，即储存空间约束（storage volume constraint）。

1. 可见时间约束

可见时间约束用于约束对应活动的执行时间窗口，用于 ISPFEOS 同时考虑卫星成像观测和卫星成像数据回放。因此，可见时间约束分为观测窗口约束和回放时间窗口约束。

对于任意一个观测任务 ot，可见时间约束可以定义为

$$\begin{cases} \text{ot.b} \geqslant \text{ot.gt.vtw.s} \\ \text{ot.e} \leqslant \text{ot.gt.vtw.e} \end{cases} \tag{7-9}$$

对于任意一个回放任务 dt，可见时间约束可以定义为

$$\begin{cases} \text{dt.b} \geqslant \text{dt.tw.vtw.s} \\ \text{dt.e} \leqslant \text{dt.tw.vtw.e} \end{cases} \tag{7-10}$$

2. 逻辑时间约束

逻辑时间约束是一个不可违抗的硬约束，表示任何成像数据必须先产生再被回放，对应假设 7-5。基于本章的 ISPFEOS，此约束表示任意成像数据的被回放时间必须晚于其对应观测任务的观测结束时间，且大于其过期时间。以回放任务 dt 为例，令 ot 表示被 dt 的任意一个成像数据对应的观测任务，逻辑时间约束可以表示为

$$\begin{cases} dt.\varsigma = ot.gt.\varsigma \\ ot.e \leqslant dt.b \\ ot.e + ot.gt.o > dt.b \end{cases} \tag{7-11}$$

3. 姿态机动时间约束

姿态机动时间是指卫星观测多个地面目标（观测任务），切换其卫星姿态的耗时。以任意相邻且隶属同一个卫星的观测任务 ot_i 和 ot_{i+1} 为例，且 ot_i 早于 ot_{i+1}，姿态机动时间约束可以表示为

$$ot_{i+1}.b - ot_i.e \geqslant trans\left(\Delta g_{ot_i \to ot_{i+1}}\right) \tag{7-12}$$

其中，$trans\left(\Delta g_{ot_i \to ot_{i+1}}\right)$ 为卫星从观测 ot_i 的卫星姿态调整到观测 ot_{i+1} 的卫星姿态对应的姿态机动时间，由式（3-10）计算。

4. 天线校对时间约束

天线校对时间是指地面站接收多个卫星的成像数据，转动其天线的耗时。以同一个地面站的任意两个回放任务 dt_i 和 dt_{i+1} 为例，且 dt_i 早于 dt_{i+1}。天线校对时间约束可以表示为

$$dt_{i+1}.b - dt_i.e \geqslant \sigma \tag{7-13}$$

此外，dt_i 和 dt_{i+1} 必须隶属于同一个地面站，且隶属于不同的卫星，即 $dt_i.tw.g = dt_{i+1}.tw.g$ 且 $dt_i.\varsigma \neq dt_{i+1}.\varsigma$。

5. 储存空间约束

如假设 7-9 所述，卫星的已使用储存空间随着卫星成像观测的进行而不断增加，剩余可用储存空间不断减少。相反，卫星的已使用储存空间伴随成像数据回放的执行而不断减少，剩余可用储存空间不断增加。因此，卫星储存空间具有时间依赖特性。以任意时刻 $t \in [St,Et]$ 为例，令 $otSet_t^\varsigma$ 表示 t 时刻卫星 ς 上存在且未被回放的成像数据全体，储存空间约束可以表示为

$$\sum_{ot \in otSet_\varsigma^r} ot.gt.d \leqslant \varsigma.\Theta \quad \varsigma \in \mathcal{S} \tag{7-14}$$

7.2　三类一体化任务规划模式

本节将基于三类一体化任务规划模式（分离式调度模式、妥协式调度模式和协同式调度模式），分别建立 ISPFEOS 的数学模型。在此之前，本节将设计、定义所有数学模型的两个优化目标，包括支援信息获取失败率（loss rate of data capturing，LR）和卫星综合能源消耗。

7.2.1　双优化目标构造

ISPFEOS 同时考虑卫星成像观测及卫星成像数据回放，因此，它包含四个层面的决策：①地面目标是否被观测；②成像数据是否被回放；③每个观测任务的开始时间；④每个回放任务的开始时间，分别对应四个决策变量，即 x_i、y_i^j、$ot_i.b$ 及 $dt_j.b$。四个决策变量的含义和取值范围如表 7-1 所示。

表 7-1　决策变量定义和取值范围

变量	定义	取值范围
x_i	地面目标 gt_i 是否被调度，被卫星观测	0-1 变量，$\{0,1\}$
y_i^j	观测任务 ot_i 形成的成像数据是否在传输窗口 tw_j 内回放	0-1 变量，$\{0,1\}$
$ot_i.b$	观测任务 ot_i 的开始时间	非负整数，$[ot_i.gt.vtw.s, ot_i.gt.vtw.e]$
$dt_j.b$	回放任务 dt_j 的开始时间	非负整数，$[dt_j.tw.vtw.s, dt_j.tw.vtw.e]$

第 3～5 章研究的 OSPFEOS 要求卫星尽可能多地观测地面目标[38]，第 6 章研究的 SIDSP 要求尽可能多地回放卫星成像数据[57]。卫星一体化任务规划既需要考虑卫星成像观测，又需要顾及成像数据回放，即一个成功有效的支援信息同时要求观测成功和回放成功。因此，本章考虑被观测且其对应成像数据被回放的地面目标，设计支援信息获取失败率，记为 $f_1(P)$，定义为

$$f_1(P) = 1 - \frac{\sum\limits_{dt \in DT} \sum\limits_{ot \in dt.dSet} ot.gt.\omega}{\sum\limits_{gt \in GT} gt.\omega} \tag{7-15}$$

其中，$\sum\limits_{dt \in DT} \sum\limits_{ot \in dt.dSet} ot.gt.\omega$ 为所有既被观测且其对应成像数据被回放的地面目标的优

先级之和；$\sum\limits_{gt \in GT} gt.\omega$ 为 ISPFEOS 有效调度时间范围，所有地面目标的优先级之和，

用于无量纲化 $f_1(P) \in [0,1]$。

另外，与第 2～4 章考虑的第二个优化目标类似，本节同样考虑保证卫星较少的能源消耗，这显然有利于卫星系统运行。结合 ISPFEOS 的特点，本节同时考虑卫星成像观测和成像数据回放带来的能源消耗，记为 $f_2(P)$，定义为

$$f_2(P) = \frac{\text{TEC}}{\text{MEC}} \qquad (7\text{-}16)$$

其中，TEC 为有效调度时间范围内卫星消耗的能源总和（式（7-17））；MEC 为常量（式（7-22）），即有效调度时间范围内的所有地面目标都被观测，且所有的传输窗口都被完整使用造成的能源消耗，MEC 用于无量纲化 $f_2(P) \in [0,1]$。

卫星成像观测和成像数据回放对应四个基本活动：成像观测、数据回放、姿态机动及天线校对。卫星的能源消耗由上述四类基本活动造成，为了更准确地计算它们的能源消耗，本节定义一些变量，如表 7-2 所示。

表 7-2　变量定义（一）

变量	定义
od	ISPFEOS 有效调度时间范围观测任务执行时间之和
td	ISPFEOS 有效调度时间范围回放任务执行时间之和
ct	ISPFEOS 有效调度时间范围所有姿态机动时间之和
rt	ISPFEOS 有效调度时间范围所有天线校对时间之和
eo	每个观测任务的基本能源消耗，即执行每个观测任务的启动能源消耗
ed	每个回放任务的基本能源消耗，即执行每个回放任务的启动能源消耗
ro	观测任务的成像过程能源消耗功率
rd	回放任务的数据传输能源消耗功率
rc	姿态机动的能源消耗功率
rr	天线校对的能源消耗功率
OT_ς	ISPFEOS 有效调度时间范围卫星 ς 的观测任务全体
DT_g	ISPFEOS 有效调度时间范围地面站 g 的回放任务全体[①]
vtw_g^ς	ISPFEOS 有效调度时间范围所有可用传输窗口

---

① 每颗卫星的所有观测任务按照其观测开始时间升序排列，而每个地面站的所有回放任务按照其回放开始时间升序排列。

因此，TEC 可以定义为

$$\text{TEC} = (n_{\text{ot}} \times \text{eo} + \text{od} \times \text{ro}) + (n_{\text{dt}} \times \text{ed} + \text{td} \times \text{rd}) + \text{ct} \times \text{rc} + \text{rt} \times \text{rr} \tag{7-17}$$

其中，$(n_{\text{ot}} \times \text{eo} + \text{od} \times \text{ro})$ 为 ISPFEOS 有效调度时间范围，由成像观测活动造成的能源消耗总和，n_{ot} 为观测任务数量；$(n_{\text{dt}} \times \text{ed} + \text{td} \times \text{rd})$ 为 ISPFEOS 有效调度时间范围，执行数据回放活动产生的能源消耗总和，n_{dt} 为回放任务总数；$\text{ct} \times \text{rc}$ 和 $\text{rt} \times \text{rr}$ 分别为 ISPFEOS 有效调度时间范围，所有姿态机动活动和所有天线校对活动对应的能源消耗。基于前面的研究，令 $\text{eo} = 500\text{J}$，$\text{ed} = 500\text{J}$，$\text{ro} = 50\text{W}$，$\text{rd} = 80\text{W}$，$\text{rc} = 100\text{W}$ 及 $\text{rr} = 100\text{W}$。此外，od、td、ct 和 rt 分别定义如下。

$$\text{od} = \sum_{\text{ot} \in \text{OT}} \text{ot.gt.d} \tag{7-18}$$

其中，OT 为 ISPFEOS 有效调度时间范围的全体观测任务；ot.gt.d 为卫星执行观测任务 ot 观测地面目标 gt 的成像时长。

$$\text{td} = \sum_{\text{dt} \in \text{DT}} \text{dt.d} \tag{7-19}$$

其中，DT 为 ISPFEOS 有效调度时间范围的全体回放任务；dt.d 为卫星执行回放任务 dt 的回放其对应的所有成像数据 dt.dSet 的工作时长。

ISPFEOS 有效调度时间范围内，所有姿态机动时间之和 ct 可以定义为

$$\text{ct} = \sum_{\varsigma \in \mathcal{S}} \sum_{i=1}^{|\text{OT}_\varsigma|-1} \text{trans}\left(\Delta g_{\text{ot}_i \to \text{ot}_{i+1}}\right) \tag{7-20}$$

其中，ot_i 和 ot_{i+1} 为两个隶属同一颗卫星 ς 的任意相邻观测任务（$\forall \text{ot}_i, \text{ot}_{i+1} \in \text{OT}_\varsigma$）且 ot_i 先于 ot_{i+1}；$\text{trans}\left(\Delta g_{\text{ot}_i \to \text{ot}_{i+1}}\right)$ 为由卫星执行 ot_i 到执行 ot_{i+1} 的姿态机动时间，由式（3-10）计算。

本节假设天线校对时间为常量 σ。因此，ISPFEOS 有效调度时间范围所有天线校对时间之和 rt 定义为

$$\text{rt} = \sum_{g \in \mathcal{G}} \left(\left|\text{DT}_g\right| \times \sigma\right) \tag{7-21}$$

其中，$\left|\text{DT}_g\right|$ 为地面站 g 的所有回放任务的数量。

MEC 为有效调度时间范围内的所有地面目标都被观测，且所有的传输窗口都被完整使用造成的能源消耗。因此，MEC 的计算公式为

$$\text{MEC} = n_{\text{gt}} \times \left(\text{eo} + \text{ro} \times \max_{\text{gt} \in \text{GT}}(\text{gt.d})\right) + n_{\text{tw}} \times \left(\text{ed} + \text{rd} \times \max_{\text{vtw} \in \text{TW}}(\text{vtw.e} - \text{vtw.s})\right) + \text{rc} \times n_{\text{gt}} \times \max\text{T} + \text{rr} \times n_{\text{tw}} \times \sigma \tag{7-22}$$

其中，$\max\limits_{\text{gt}\in\text{GT}}(\text{gt.d})$ 为所有地面目标的设定成像时长最大值；$n_{\text{gt}}\times\left(\text{eo}+\text{ro}\times\max\limits_{\text{gt}\in\text{GT}}(\text{gt.d})\right)$ 为卫星成功观测所有地面的能源消耗之和的上限；$\max\limits_{\text{vtw}\in\text{TW}}(\text{vtw.e}-\text{vtw.s})$ 为所有可用传输窗口的最大长度；$n_{\text{tw}}\times\left(\text{ed}+\text{rd}\times\max\limits_{\text{vtw}\in\text{TW}}(\text{vtw.e}-\text{vtw.s})\right)$ 为使用所有传输窗口进行数据回放的能源消耗总和的上限；maxT 为最大姿态机动时长，根据式（3-10），令 maxT $=100$；$\text{rc}\times n_{\text{gt}}\times\text{maxT}$ 为卫星执行所有姿态机动的最大能源消耗；$\text{rr}\times n_{\text{tw}}\times\sigma$ 为执行所有天线校对的最大能源消耗。

综上所述，本章定义两个优化目标函数，即支援信息获取失败率和卫星综合能源消耗，如式（7-23）所示。考虑决策变量的取值，本章研究的 ISPFEOS 也是一类离散双目标优化问题[81]。接下来，我们将分别基于三种一体化任务规划模式（分离式调度模式、妥协式调度模式和协同式调度模式）建立 ISPFEOS 的数学模型：

$$\text{Minimize } F(P)=\left\{f_1(P),f_2(P)\right\} \tag{7-23}$$

1. 分离式调度模式

分离式调度模式是指先完成卫星成像观测任务规划，且此过程中不考虑 SIDSP；再基于已有的成像数据，进行卫星成像数据回放任务规划，且不会向卫星成像观测任务规划反馈任何信息。换而言之，分离式调度模式下的卫星一体化任务规划中，卫星成像观测任务规划与卫星成像数据回放任务规划之间没有任何信息反馈。

第 3～5 章隶属于分离式调度模式下的卫星成像观测任务规划研究，因此，基于前面的研究基础，本章将 OSPFEOS 的数学模型描述为

$$\text{Minimize } F(P)=\left\{f_1(P),f_2(P)\right\} \tag{7-24}$$

$$\text{s.t.}$$

$$\text{gt}_i.\text{Id}=\text{gt}_j.\text{Id}\Rightarrow x_i+x_j\leqslant 1 \tag{7-25}$$

$$x_i=1\Rightarrow[\text{ot}_i.\text{b},\text{ot}_i.\text{e}]\subseteq[\text{ot}_i.\text{gt.vtw.s},\text{ot}_i.\text{gt.vtw.e}] \tag{7-26}$$

$$\left.\begin{array}{l} x_i=1,\quad x_j=1 \\ \text{ot}_i.\text{gt.\varsigma}=\text{ot}_j.\text{gt.\varsigma} \\ \text{ot}_i.\text{b}<\text{ot}_j.\text{b} \\ \nexists x_k=1 \\ \text{ot}_k.\text{b}\in[\text{ot}_i.\text{e},\text{ot}_j.\text{b}] \end{array}\right\}\Rightarrow \text{ot}_j.\text{b}-\text{ot}_i.\text{e}\geqslant\text{trans}\left(\Delta g_{\text{ot}_i\to\text{ot}_j}\right) \tag{7-27}$$

$$x_i\in\{0,1\} \tag{7-28}$$

此外，分离式调度模式下的 OSPFEOS 中只考虑卫星成像观测过程。因此，两个优化目标需要重新定义为

$$f_1(P) = 1 - \frac{\sum\limits_{\text{ot} \in \text{OT}} \text{ot.gt.}\omega}{\sum\limits_{\text{gt} \in \text{GT}} \text{gt.}\omega} \tag{7-29}$$

$$f_2(P) = \frac{\text{TEC}}{\text{MEC}} = \frac{(n_{\text{ot}} \times \text{eo} + \text{ot} \times \text{ro}) + \text{ct} \times \text{rc}}{\text{MEC}} \tag{7-30}$$

式（7-25）表示所有地面目标最多只需要被观测一次，对应假设 7-3。式（7-26）对应每次观测任务的可见时间约束，如式（7-9）所示。此外，由于 OSPFEOS 中只考虑卫星成像观测过程，此时无法获得关于卫星存储空间的释放信息。如果考虑卫星储存空间约束，如式（7-14）所示，将有可能导致很多地面目标无法被观测。因此，本模型将不考虑此约束，认为卫星的星上储存能力充足有效（假设 3-2）。式（7-27）表示姿态机动时间约束，如式（7-12）所示。其中，式（7-27）左边部分表示两个任意隶属同一颗卫星的观测任务 ot_i 和 ot_j，且 ot_i 先于 ot_j。

分离式调度模式下进行卫星成像数据回放任务规划的前提是卫星成像数据是确定且静态的。第 6 章就是分离式调度模式下的 SIDSP 的一类变异问题。因此，本章将 SIDSP 的数学模型描述为

$$\text{Minimize } F(P) = \left\{ f_1(P), f_2(P) \right\} \tag{7-31}$$

$$\text{s.t.}$$

$$\sum_{j=1}^{n_{\text{tw}}} y_i^j \leqslant 1 \tag{7-32}$$

$$y_i^j = 1 \Rightarrow \begin{cases} \text{dt}_j.\varsigma = \text{ot}_i.\text{gt.}\varsigma \\ \text{dt}_j.\text{b} \geqslant \text{ot}_i.\text{e} \\ \text{dt}_j.\text{b} < \text{ot}_i.\text{e} + \text{ot}_i.\text{gt.o} \end{cases} \tag{7-33}$$

$$\sum_{i=1}^{n_{\text{ot}}} y_i^j \geqslant 1 \Rightarrow \begin{cases} \text{dt}_j.\text{d} \geqslant \text{dt}_j.\text{g.d}_0 \\ \left[\text{dt}_j.\text{b}, \text{dt}_j.\text{e} \right] \subseteq \left[\text{dt}_j.\text{tw.vtw.s}, \text{dt}_j.\text{tw.vtw.e} \right] \end{cases} \tag{7-34}$$

$$\left. \begin{array}{c} \sum\limits_{i=1}^{n_{\text{ot}}} y_i^j \geqslant 1, \sum\limits_{i=1}^{n_{\text{ot}}} y_i^k \geqslant 1 \\ \text{dt}_j.\text{tw.g} = \text{dt}_k.\text{tw.g} \\ \text{dt}_j.\varsigma \neq \text{dt}_k.\varsigma \\ \text{dt}_j.\text{b} < \text{dt}_k.\text{b} \\ \nexists \sum\limits_{i=1}^{n_{\text{ot}}} y_i^l \geqslant 1 \\ \text{dt}_l.\text{b} \in \left[\text{dt}_j.\text{e}, \text{dt}_k.\text{b} \right] \end{array} \right\} \Rightarrow \text{dt}_{i+1}.\text{b} - \text{dt}_i.\text{e} \geqslant \sigma \tag{7-35}$$

$$y_i^j \in \{0, 1\} \tag{7-36}$$

同理，分离式调度模式下的 SIDSP 中只考虑成像数据回放过程。因此，两个优化目标需要重新定义为

$$f_1(P) = 1 - \frac{\sum\limits_{dt \in DT} \sum\limits_{ot \in dt.dSet} ot.gt.\omega}{\sum\limits_{gt \in GT} gt.\omega} \tag{7-37}$$

$$f_2(P) = \frac{TEC}{MEC} = \frac{(n_{dt} \times ed + dt \times rd) + rt \times rr}{MEC} \tag{7-38}$$

式（7-32）表示一个成像数据最多只需要被回放一次，对应假设 7-3。式（7-33）对应成像数据回放的逻辑时间约束，如式（7-11）所示。式（7-34）对应成像数据回放的可见时间约束，如式（7-10）所示。式（7-35）表示天线校对时间约束，如式（7-13）所示。此外，式（7-35）的左边部分表示两个任意隶属同一个地面站的回放任务 dt_j 和 dt_k，且 dt_j 先于 dt_k。

2. 妥协式调度模式

由于分离式调度模式下的卫星一体化任务规划中卫星成像观测任务规划和卫星成像数据回放任务规划之间不存在任何信息反馈，这可能导致卫星过多无效观测或者传输窗口闲置等问题。为了解决这个问题，一些研究将卫星成像数据回放转化为约束条件，称为数据传输约束（transmission constraint），并在求解 OSPFEOS 时予以考虑，此一体化任务规划模式称为妥协式调度模式。数据传输约束可以定义为

$$dV_i^\varsigma \leqslant \sum_{j=i}^{n_{tw}} \left(tw_j.vtw.e - tw_j.vtw.s \right), \quad \varsigma \in \mathcal{S} \tag{7-39}$$

其中，dV_i^ς 为在传输窗口 tw_i 之前，卫星 ς 储存空间内的所有成像数据的数据量总和，如式（7-40）所示；$\sum\limits_{j=i}^{n_{tw}}(tw_j.vtw.e - tw_j.vtw.s)$ 为能够回放 dV_i^ς 所有可用传输窗口的回放时长之和。此外，每个传输窗口 tw_j 必须隶属卫星 ς。

$$dV_i^\varsigma = \sum_{ot \in OT} ot.gt.d, \quad ot.gt.vtw.\varsigma = \varsigma, \quad ot.e \leqslant tw_i.vtw.s \tag{7-40}$$

增加式（7-39）后，妥协式调度模式下的 ISPFEOS 模型更新为

$$\text{Minimize } F(P) = \left\{ f_1(P), f_2(P) \right\} \tag{7-41}$$

$$\text{s.t.}$$

$$gt_i.Id = gt_j.Id \Rightarrow x_i + x_j \leqslant 1 \tag{7-42}$$

$$x_i = 1 \Rightarrow \left[ot_i.b, ot_i.e \right] \subseteq \left[ot_i.gt.vtw.s, ot_i.gt.vtw.e \right] \tag{7-43}$$

$$\left.\begin{array}{c} x_i = 1, \quad x_j = 1 \\ ot_i.gt.\varsigma = ot_j.gt.\varsigma \\ ot_i.b < ot_j.b \\ \nexists x_k = 1 \\ ot_k.b \in \left[ot_i.e, ot_j.b \right] \end{array}\right\} \Rightarrow ot_j.b - ot_i.e \geqslant \mathrm{trans}\left(\Delta g_{ot_i \to ot_j} \right) \quad (7\text{-}44)$$

$$dV_i^\varsigma \leqslant \sum_{j=i}^{n_{tw}} \left(tw_j.vtw.e - tw_j.vtw.s \right), \quad \varsigma \in \mathcal{S} \quad (7\text{-}45)$$

$$x_i \in \{0, 1\} \quad (7\text{-}46)$$

此外，妥协式调度模式下的卫星成像观测任务规划模型中的优化目标与分离式调度模式下的卫星成像观测任务规划模型中的优化目标一致，而且它们的卫星成像数据回放任务规划模型完全一致，故不再赘述。

3. 协同式调度模式

可查文献显示，同时考虑卫星成像观测和成像数据回放的卫星一体化任务规划研究较为罕见[23, 53, 56, 58, 97]，称为协同式调度模式。因此，充分借鉴这些研究，本节将协同式调度模式下的 ISPFEOS 描述为

$$\mathrm{Minimize}\ F(P) = \left\{ f_1(P), f_2(P) \right\} \quad (7\text{-}47)$$

s.t.

$$x_i \leqslant \sum_{j=1}^{n_{tw}} y_i^j \leqslant 1 \quad (7\text{-}48)$$

$$gt_i.Id = gt_j.Id \Rightarrow x_i + x_j \leqslant 1 \quad (7\text{-}49)$$

$$x_i = 1 \Rightarrow \left\{ \begin{array}{c} \left[ot_i.b, ot_i.e \right] \subseteq \left[ot_i.gt.vtw.s, ot_i.gt.vtw.e \right] \\ \sum_{ot \in otSet_{ot_i.e}^{ot_i.gt.s}} ot.gt.d \leqslant ot_i.gt.\varsigma.\Theta \end{array}\right. \quad (7\text{-}50)$$

$$\left.\begin{array}{c} x_i = 1, \quad x_j = 1 \\ ot_i.gt.\varsigma = ot_j.gt.\varsigma \\ ot_i.b < ot_j.b \\ \nexists x_k = 1 \\ ot_k.b \in \left[ot_i.e, ot_j.b \right] \end{array}\right\} \Rightarrow ot_j.b - ot_i.e \geqslant \mathrm{trans}\left(\Delta g_{ot_i \to ot_j} \right) \quad (7\text{-}51)$$

$$y_i^j = 1 \Rightarrow \left\{ \begin{array}{c} dt_j.\varsigma = ot_i.gt.\varsigma \\ dt_j.b \geqslant ot_i.e \\ dt_j.b < ot_i.e + ot_i.gt.o \end{array}\right. \quad (7\text{-}52)$$

$$\sum_{i=1}^{n_{ot}} y_i^j \geqslant 1 \Rightarrow \begin{cases} \mathrm{dt}_j.\mathrm{d} \geqslant \mathrm{dt}_j.\mathrm{g}.\mathrm{d}_0 \\ \left[\mathrm{dt}_j.\mathrm{b}, \mathrm{dt}_j.\mathrm{e}\right] \subseteq \left[\mathrm{dt}_j.\mathrm{tw}.\mathrm{vtw}.\mathrm{s}, \mathrm{dt}_j.\mathrm{tw}.\mathrm{vtw}.\mathrm{e}\right] \end{cases} \tag{7-53}$$

$$\left.\begin{array}{c} \displaystyle\sum_{i=1}^{n_{ot}} y_i^j \geqslant 1, \quad \sum_{i=1}^{n_{ot}} y_i^k \geqslant 1 \\ \mathrm{dt}_j.\mathrm{tw}.\mathrm{g} = \mathrm{dt}_k.\mathrm{tw}.\mathrm{g} \\ \mathrm{dt}_j.\varsigma \neq \mathrm{dt}_k.\varsigma \\ \mathrm{dt}_j.\mathrm{b} < \mathrm{dt}_k.\mathrm{b} \\ \nexists \displaystyle\sum_{i=1}^{n_{ot}} y_i^l \geqslant 1 \\ \mathrm{dt}_l.\mathrm{b} \in \left[\mathrm{dt}_j.\mathrm{e}, \mathrm{dt}_k.\mathrm{b}\right] \end{array}\right\} \Rightarrow \mathrm{dt}_k.\mathrm{b} - \mathrm{dt}_j.\mathrm{e} \geqslant \sigma \tag{7-54}$$

$$y_i^j \in \{0,1\} \tag{7-55}$$

$$x_i \in \{0,1\} \tag{7-56}$$

式（7-47）表示的优化目标函数对应式（7-15）和式（7-16）所示的完整版优化目标函数。式（7-48）～式（7-51）用于约束卫星成像观测活动，式（7-52）～式（7-54）用于约束卫星成像数据回放活动。因这些约束含义与分离式调度模式的对应约束含义相同，故不再赘述。协同式调度模式下同时考虑成像观测和成像数据回放，因此，解决卫星成像观测任务规划时可以获取实时的储存空间使用信息（空间释放和空间占用），如式（7-14）所示。式（7-48）用于建立卫星成像观测任务规划和卫星成像数据回放任务规划的信息反馈桥梁，保证当且仅当对应成像数据能够被回放时，才观测此地面目标。同时，得益于式（7-48），所有产生的成像数据都可以被回放，即不存在无效观测。此外，协同式调度模式下的卫星一体化任务规划不需要式（7-39）所示的数据传输约束。

7.2.2　算法自适应调整

面向 ISPFEOS 的特点，本节需要丰富自适应多目标模因算法（ALNS + NSGA-Ⅱ）的算法部件，如问题输入编码、初始解构造算法及进化操作算子，并调整、更新部分部件的流程和构成。针对 ISPFEOS 的 ALNS + NSGA-Ⅱ，其算法流程与第 6 章的算法流程完全一致，故本章不再赘述。此外，地面目标选择机制、后代解取舍机制、自适应调节器及算法终止条件也未发生改变。

1. 混合整数编码

ISPFEOS 包含四个决策变量，即 x_i、y_i^j、$\mathrm{ot}_i.\mathrm{b}$ 和 $\mathrm{dt}_j.\mathrm{b}$。前两个决策变量是

0-1 变量，后两个决策变量为非负整数变量。因此，第 6 章提出的混合整数编码同样适用本章的问题，但是需要适应性调整。x_i 和 y_i^j 可以沿用，但是 $ot_i.b$ 和 $dt_j.b$ 分别被重新定义为 ob_i 和 db_j，且它们的取值范围都为[0, 1]。$ot_i.b$ 和 ob_i 及 $dt_j.b$ 和 db_j 的转换公式与式（6-29）类似，以 $ot_i.b$ 和 ob_i 为例，转换公式具体可以定义为

$$ot_i.b = ot_i.gt.vtw.s + ob_i \times (ot_i.gt.vtw.e - ot_i.gt.vtw.s) \tag{7-57}$$

此外，编码之前，ISPFEOS 有效调度时间范围内的所有地面目标的可见时间窗口和所有地面站的传输窗口都按照窗口的开始时间升序排列。此外，每个传输窗口的编号格式重新定义为 Id of EOS + Id of GS + Id of TW，根据新的传输窗口编号，我们可以更快地解码，生成真实的解。

图 7-1 表示了 ISPFEOS 的一个示例编码。其中，深色的矩形对应的编码是有效的，而浅色的矩形对应的编码是无效的。变量 x_i 和 y_i^j 的编码是显而易见的，其编码值等于 1 表示对应的变量有效，反之，其编码值等于 0 表示对应的变量无效。$x_i = 1$ 表示地面目标 gt_i 被规划观测，$y_i^j = 1$ 表示观测任务 ot_i 形成的成像数据在传输窗口 tw_j 内被回放。另外，变量 ob_i 和 db_j 的取值范围为[0, 1]，且其取值表示在对应可见时间窗口内的位置，基于式（7-57）可以轻松计算对应的开始时间。

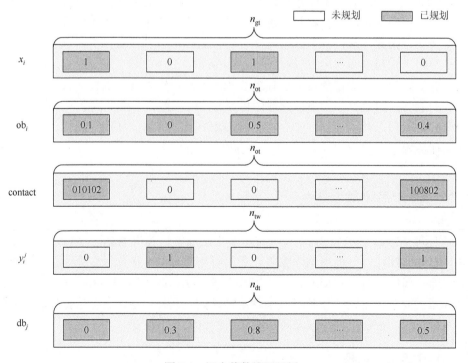

图 7-1　混合整数编码示例

此外，本节还设计一个中间变量——contact，用于表示任意成像数据对应的观测任务和回放任务之间的关系，每个观测任务都具有一个 contact。如果一个观测任务形成的成像数据被回放，则对应的 contact 编码为对应的回放任务的传输窗口编号（此编号的格式为 Id of EOS + Id of GS + Id of TW）。如果对应的成像数据未被回放，则对应的 contact 编码为 0。

2. 初始解构造算法更新

面向 ISPFEOS 的 ALNS + NSGA-Ⅱ同样使用 RGHA 作为构造初始解的算法。结合 ISPFEOS 的特点，本节重新设计 RGHA 的算法流程，其伪代码如算例 7-1 所示。相关变量定义如表 7-3 所示。

算例 7-1　RGHA 的伪代码

Input：所有规划地面目标（GT）和传输窗口集合（TW）
Output：初始解（s）

1：　编码：GT 和 TW
2：　Repeat ------ 确认 OT 和 DT
3：　　gt ← GT
4：　　根据 OSchedule（）确认 OT
5：　　根据 Tschedule（）确认 DT
6：　　根据 Feedback（）基于 DT 更新 OT
7：　Until GT 遍历完全
8：　计算 $\{f_1(P), f_2(P)\}$
9：　Return s

表 7-3　变量定义（二）

变量	定义
gt	任意地面目标
OT	成像方案
DT	数传方案
ot	对应的观测任务
TW	所有传输窗口
s	一个初始解，其结构采用混合整数的方式编译
ATW	od 对应的所有可用传输窗口
tw	任意传输窗口

此外，算例 7-1 使用混合整数编码方法，将 ISPFEOS 的所有输入进行编码；确定所有地面目标对应的观测窗口和传输窗口。其中，所有地面目标被贪心地依

次调度，此前所有地面目标按照对应引导因子排序①。基于所有被选中的地面目标和可用传输窗口，生成/更新对应的观测任务和回放任务，其中，生成/更新观测任务的算法为 OSchedule()，如算例 7-2 所示；生成/更新回放任务的算法为 Tschedule()，如算例 7-3 所示。此外，本节特别设计一个反馈机制（Feedback()），用于求解协同式调度模式下的 ISPFEOS，如算例 7-4 所示。

算例 7-2 OSchedule（ ）伪代码

Input：OT、TW 和 gt
Output：更新后的 OT

1: ot ← 约束条件（式（7-25）或者式（7-49））。此外，妥协式调度模式还需要考虑约束条件（式（7-39））
2: Repeat-----二分确定观测任务时间
3:    产生 ot 的时间 ← 约束条件（式（7-26）或者式（7-50））
4:    判断姿态机动时间约束（式（7-27）或式（7-51））
5:    如果约束条件都满足，则将 ot 加入 OT，否则，结束该循环
6: End
7: Return OT

算例 7-3 Tschedule（ ）伪代码

Input：OT 和 TW
Output：DT

1: 基于观测开始时间，对 OT 排序---FOFD
2: Repeat ------ 确定数传方案
3:    ot ← OT
4:    tw ← TW 根据约束条件（式（7-33）或者式（7-52））
5:    基于 TW 产生 DT ← 约束条件（式（7-34）和式（7-35）或者式（7-53）和式（7-54））
6: Until OT 遍历完全
7: Return DT

算例 7-4 Feedback（ ）伪代码

Input：OT 和 DT
Output：更新后的 OT 和 DT

1: Repeat ------- 确定实时固存使用情况
2:    o ← OT
3:    如果约束条件（式（7-48））满足
4:      删除 ot
5:    结束
6:    Update DT
7: Until OT 遍历完全
8: Return OT 和 DT

---

① 为了构造更为丰富、多样的初始解，此时的引导因子是随机的。

OSchedule（）用来确定每个地面目标的具体观测窗口，并生成/更新观测任务。此外，所有已产生的观测任务固定不变。如果新产生的观测任务违背了任意约束条件，则直接放弃此地面目标，否则，生成新的观测任务，并更新已有观测任务序列。此外，二分法被应用于确定地面目标的具体观测窗口的过程中，力图提升搜索速度。

Tschedule（）用于确定被规划观测的地面目标，对应形成的成像数据的回放任务。此外，地面目标被观测的观测窗口越早，形成的成像数据被回放得越早，即 FOFD。

Feedback（）是专门为求解协同式调度模式下的 ISPFEOS 而设计的，用于连接卫星成像观测任务规划和卫星成像数据回放任务规划，建构它们之间的反馈渠道。得益于 Feedback（），所有被观测的地面目标形成的成像数据一定会被回放，无须担心因卫星储存空间不足（式（7-14））造成后续高优先级地面目标无法被观测的问题。

3. 进化操作算子设计

面向 ISPFEOS 的特点，我们重新设计了 ALNS + NSGA-Ⅱ的两类操作算子，即四种破坏操作算子和四种修复操作算子。破坏操作算子用于改变大邻域的元素（地面目标）构成，而修复操作算子用于改变大邻域的元素顺序，构造出自适应调整的搜索邻域，从而实现算法的进化。

1）破坏操作算子

本章的自适应多目标模因算法设计四种破坏操作算子，包括 R-Destroy、P-Destroy、E-Destroy 及 C-Destroy，用于移除被规划观测的地面目标，又称观测任务。此外，被移除的被规划观测的地面目标对应的回放任务需要进行适当调整，删除该地面目标对应的成像数据消耗的传输时长。所有被移除的地面目标被存放在空间大小给定（$|B|$）的禁忌池 B 中。每次迭代之前，禁忌池都是空的，填满禁忌池是破坏操作算子运行的结束条件。另外，所有未被调度的地面目标存储在地面目标池 F 中，所有处在 F 而不在 B 中的地面目标将被修复操作算子选中，用于修复对应的解。下面，我们将详细阐述每个破坏操作算子。

（1）R-Destroy。这个破坏操作算子从给定解中随机选择一些被规划观测的地面目标并移除。

（2）P-Destroy。这个破坏操作算子以地面目标的优先级为引导因子，将所有被规划观测的地面目标按照引导因子升序排列，并依次移除被规划观测的地面目标实现破坏操作。这意味着这个破坏操作算子更加偏好移除低优先级的被规划观测的地面目标。

（3）E-Destroy。这个破坏操作算子的引导因子考虑每个被规划观测的地面目

标的观测能源消耗和原始姿态机动能源消耗，记为 GI_E。以任意观测任务 ot 为例，这个操作算子的引导因子定义为

$$GI\_E(ot) = eo(ot) + ec(ot) \tag{7-58}$$

其中，eo(ot) 和 ec(ot) 分别为观测任务 ot 的观测能源消耗和原始姿态机动能源消耗。根据式（7-17）和式（7-18），eo(ot) 可以被定义为

$$eo(ot) = eo + ro \times ot.gt.d \tag{7-59}$$

基于式（7-17）和式（7-20），ec(ot) 可以被定义为

$$ec(ot) = ed + rd \times \left(trans\left(\Delta g_{o \to ot}\right) + trans\left(\Delta g_{ot \to o}\right) \right) \tag{7-60}$$

其中，卫星零姿态是指俯仰角、滚动角、偏航角皆为 0 的状态，即 $o = \{0,0,0\}$；$trans\left(\Delta g_{o \to ot}\right)$ 为卫星从零姿态转动到 ot 的观测开始姿态所花费的姿态机动时间；$trans\left(\Delta g_{ot \to o}\right)$ 为卫星从 ot 的观测结束姿态转动到零姿态所花费的姿态机动时间。

此外，E-Destroy 将所有被规划观测的地面目标按照引导因子降序排列，并依次移除被规划观测的地面目标实现破坏操作。这意味着这个破坏操作算子更加偏好移除高能源消耗的被规划观测的地面目标。

（4）C-Destroy。这个破坏操作算子以地面目标的工件拥堵度[26]为引导因子，如式（4-5）所示，将被规划观测的所有地面目标按照引导因子降序排列，并依次移除被规划观测的地面目标实现破坏操作。这意味着这个破坏操作算子更加偏好移除工件拥堵度更大的被规划观测的地面目标。

2）修复操作算子

所有未规划的地面目标被存放在地面目标池 F 中，所有处于 F 而不在 B 内的地面目标将被修复操作算子选择，插入修复解中，从而产生后代解。其中，修复操作算子调用 RGHA，实现被选择地面目标插入修复解。本章设计四类修复操作算子。

（1）R-Repair。这个修复操作算子从其对应的邻域中随机选择一些未被调度且不在禁忌池中的地面目标，并尝试插入修复解中。

（2）P-Repair。这个修复操作算子以地面目标的优先级为引导因子，将所有处于 F 而不在 B 内的地面目标按照其引导因子的数值降序排列，并依次选择地面目标，尝试插入修复解中。这意味着这个修复操作算子更加偏好选择优先级更高的地面目标。

（3）L-Repair。这个修复操作算子的引导因子考虑每个地面目标的可见时间窗口长度，记为 GF_L。以任意地面目标 gt 为例，引导因子定义为

$$GF\_L(gt) = gt.vtw.e - gt.vtw.s \tag{7-61}$$

其中，gt.vtw.e 和 gt.vtw.s 分别为地面目标 gt 对应可见时间窗口的开始时间和结束时间。

L-Repair 将所有处于 F 而不在 B 内的地面目标按照其引导因子的数值升序排列，并依次选择地面目标，尝试插入修复解中。这意味着这个修复操作算子更加偏好选择可见时间窗口更短的地面目标。

（4）C-Repair。这个修复操作算子的引导因子与 C-Destroy 的引导因子相似。但是，C-Repair 基于其引导因子将所有处于 F 而不在 B 内的地面目标升序排列，并依次尝试插入修复解中。这意味着这个修复操作算子更加偏好选择工件拥堵度更小的地面目标。

7.3　仿真实验分析

本节将从多个测度深入对比分析三种卫星一体化任务规划模式下的模型的应用效能，同时展示本章的自适应多目标模因算法的进化。在仿真实验分析之前，本节提出 ISPFEOS 的测试算例生成方法，并设计丰富的测试场景。此外，本章的 ALNS＋NSGA-Ⅱ的参数设置与第 6 章一致，故不再赘述。

7.3.1　测试算例设计

综合第 3 章的 OSPFEOS 与第 6 章的 SIDSP 的测试算例生成方法，本节从地面目标、可用地面站及参与的对地观测卫星等三个方面分别阐述 ISPFEOS 的测试算例生成方法。

1. 地面目标

基于第 3 章的地面目标生成方法，本章也提出两类地面目标分布——CD 和 WD，且每类地面分布中设计十个仿真场景。CD 中的十个场景的地面目标数量为 100～1000 个（步长为 100 个），所有地面目标的中心点均匀分布于我国领土范围。WD 中的十个场景的地面目标数量为 500～5000 个（步长为 500 个），所有地面目标的中心点均匀分布于全球范围。所有地面目标的优先级服从[1, 10]的均匀分布，而其需求成像时长服从[5, 20]s 的均匀分布。此外，每个地面目标对应的成像数据有效期由式（2-9）计算。

2. 可用地面站

沿承第 6 章的设计，本章的 ISPFEOS 同样考虑三个国内地面站[29]（包括密云站、喀什站和三亚站，称为一般地面站）和一个境外地面站[30]（北极站，称为极地地面站）。

3. 对地观测卫星

本章的 ISPFEOS 同样考虑第 6 章的 10 颗低轨光学遥感卫星，其轨道参数如表 6-5 所示，包括 3 颗高分系列卫星、4 颗高景系列卫星和 3 颗资源系列卫星。面向 ISPFEOS，所有卫星需要增加考虑式（7-2）中的参数，如表 7-4 所示。

表 7-4　对地观测卫星额外参数的设置

参数	数值	参数	数值
Θ /s	600	ψ /(°)	90
γ /(°)	45	d_0 /s	10
π /(°)	45		

基于卫星可见时间窗口计算模型可以计算所有卫星与可用地面站及所有地面目标之间的可见时间窗口。此外，二十个仿真测试场景均考虑所有可用的地面站和对地观测卫星。

7.3.2　一体化任务规划模式效能分析

本章主要探究不同 ISPFEOS 的建模架构（分离式调度模式、妥协式调度模式及协同式调度模式）的应用效能。因此，基于所有设计的测试场景，本节将深入分析三种一体化任务规划模式下自适应多目标模因算法（ALNS + NSGA-Ⅱ）求解 ISPFEOS 的效能。此外，为了量化分析评估，本节设计两个评估指标[①]，包括最终优化目标函数值（帕累托前沿上）和无效观测（invalid observation）的地面目标。其中，无效观测的地面目标是指地面目标被观测而对应形成的成像数据未被成功回放，定义如下：

$$IO = \sum_{gt \in UC} gt.\omega \tag{7-62}$$

其中，UC 为所有被观测而对应成像数据未被回放的地面目标。

首先，针对所有测试场景，基于三种一体化任务规划模式下的求解模型，ALNS + NSGA-Ⅱ 分别获取的最终优化目标函数值如表 7-5 所示。其中，$\hat{v}_1$、$\bar{v}_1$ 和 $\check{v}_1$ 分别为最终支援信息获取失败率的最大值、平均值及最小值；$\hat{v}_2$、$\bar{v}_2$ 和 $\check{v}_2$ 分别为最终卫星综合能源消耗的最大值、平均值及最小值。

---

① 由于采用同一个求解算法，没有考虑算法运行时间。

表 7-5　不同一体化任务规划模式对应的优化目标函数值

测试场景	分离式调度模式						妥协式调度模式						协同式调度模式					
	$\tilde{v}_1$	$\bar{v}_1$	$\hat{v}_1$	$\tilde{v}_2$	$\bar{v}_2$	$\hat{v}_2$	$\tilde{v}_1$	$\bar{v}_1$	$\hat{v}_1$	$\tilde{v}_2$	$\bar{v}_2$	$\hat{v}_2$	$\tilde{v}_1$	$\bar{v}_1$	$\hat{v}_1$	$\tilde{v}_2$	$\bar{v}_2$	$\hat{v}_2$
CD-100	0.5413	0.4237	0.3374	0.0504	0.0372	0.0309	0.5237	0.4180	0.3427	0.0470	0.0371	0.0301	0.5132	0.4119	0.3445	0.0451	0.0374	0.0311
CD-200	0.6085	0.5171	0.4698	0.0387	0.0334	0.0296	0.6022	0.5056	0.4626	0.0409	0.0345	0.0297	0.6193	0.5253	0.4707	0.0411	0.0333	0.0271
CD-300	0.5620	0.4600	0.4243	0.0368	0.0311	0.0262	0.5695	0.4697	0.4249	0.0344	0.0290	0.0248	0.5526	0.4625	0.4262	0.0338	0.0291	0.0250
CD-400	0.6303	0.5711	0.5456	0.0297	0.0255	0.0223	0.6531	0.5739	0.5408	0.0308	0.0252	0.0215	0.6627	0.5782	0.5368	0.0285	0.0247	0.0211
CD-500	0.6403	0.5444	0.5110	0.0300	0.0255	0.0219	0.5956	0.5498	0.5214	0.0277	0.0243	0.0213	0.5919	0.5461	0.5162	0.0287	0.0246	0.0212
CD-600	0.6845	0.5977	0.5604	0.0264	0.0232	0.0207	0.6282	0.5861	0.5561	0.0254	0.0217	0.0187	0.6118	0.5715	0.5481	0.0263	0.0207	0.0175
CD-700	0.6875	0.6115	0.5762	0.0244	0.0210	0.0185	0.7163	0.6047	0.5673	0.0232	0.0202	0.0180	0.6862	0.6034	0.5594	0.0226	0.0188	0.0158
CD-800	0.7182	0.6326	0.5960	0.0232	0.0202	0.0178	0.6754	0.6176	0.5951	0.0229	0.0191	0.0161	0.6674	0.6187	0.5915	0.0193	0.0165	0.0144
CD-900	0.6945	0.6201	0.5880	0.0203	0.0187	0.0172	0.6626	0.6162	0.6021	0.0210	0.0178	0.0157	0.6658	0.6075	0.5912	0.0178	0.0155	0.0137
CD-1000	0.7267	0.6530	0.6225	0.0216	0.0179	0.0159	0.6945	0.6480	0.6132	0.0185	0.0169	0.0152	0.6745	0.6394	0.6197	0.0183	0.0149	0.0124
WD-500	0.5543	0.4934	0.4607	0.0381	0.0335	0.0280	0.5543	0.4850	0.4552	0.0366	0.0329	0.0304	0.5367	0.4801	0.4563	0.0368	0.0327	0.0286
WD-1000	0.6577	0.6180	0.5880	0.0308	0.0291	0.0280	0.6043	0.5735	0.5627	0.0271	0.0257	0.0244	0.5893	0.5417	0.5169	0.0238	0.0207	0.0182
WD-1500	0.7895	0.7632	0.7450	0.0285	0.0280	0.0276	0.7333	0.7185	0.7072	0.0236	0.0214	0.0202	0.6762	0.6510	0.6392	0.0206	0.0165	0.0135
WD-2000	0.8441	0.8173	0.8049	0.0303	0.0284	0.0274	0.8018	0.7760	0.7638	0.0184	0.0174	0.0165	0.7881	0.7204	0.6948	0.0160	0.0116	0.0097
WD-2500	0.8896	0.8682	0.8549	0.0288	0.0272	0.0263	0.8279	0.8128	0.8006	0.0154	0.0142	0.0134	0.7857	0.7528	0.7418	0.0129	0.0095	0.0079
WD-3000	0.9161	0.8932	0.8806	0.0268	0.0256	0.0246	0.8672	0.8409	0.8234	0.0129	0.0120	0.0112	0.8364	0.7901	0.7800	0.0104	0.0077	0.0064
WD-3500	0.9305	0.9149	0.9063	0.0268	0.0247	0.0232	0.8905	0.8604	0.8474	0.0112	0.0104	0.0095	0.8336	0.8113	0.7972	0.0072	0.0062	0.0055
WD-4000	0.9353	0.9245	0.9203	0.0257	0.0247	0.0237	0.9052	0.8792	0.8635	0.0109	0.0090	0.0082	0.8583	0.8347	0.8255	0.0064	0.0056	0.0048
WD-4500	0.9430	0.9309	0.9248	0.0241	0.0231	0.0220	0.9041	0.8777	0.8677	0.0115	0.0083	0.0071	0.8863	0.8486	0.8328	0.0066	0.0049	0.0040
WD-5000	0.9387	0.9358	0.9338	0.0231	0.0222	0.0213	0.9364	0.8922	0.8735	0.0101	0.0072	0.0063	0.8709	0.8576	0.8487	0.0058	0.0045	0.0039

一方面，对于 CD-100～CD-1000，基于三个一体化任务规划模式的求解模型，ALNS＋NSGA-Ⅱ获取的支援信息获取失败率总是相仿的。这意味着针对 CD 的十个测试场景，三个一体化任务规划模式的求解模型没有效能的差异。但是，对于 WD 的十个测试场景，基于协同式调度模式的求解模型，ALNS＋NSGA-Ⅱ获取的支援信息获取失败率恒优于基于其他两个一体化任务规划模式（分离式调度模式和妥协式调度模式）的求解模型，而且随着测试场景规模的增加，差异变得明显。下面分析导致这种现象的原因。

（1）每颗卫星的可用传输窗口总和约为 720s。CD 中的测试场景每颗卫星最多有 1000s 的成像数据需要回放（假设 CD-1000 中的所有地面目标都被观测）。换而言之，针对 CD 的十个测试场景，存在足够的传输窗口回放所有成像数据。此外，CD 中的所有地面目标均匀分布于我国境内，随着地面目标数量的增加，每个地面目标的工件拥堵度（式（4-5））不断增加。因此，对于 CD 的十个测试场景，限制 ALNS＋NSGA-Ⅱ求解质量（最终支援信息获取失败率）的主要约束条件是卫星姿态机动时间约束（式（7-12））和天线校对时间约束（式（7-13）），而不是储存空间约束（式（7-14））。

（2）WD 的十个测试场景的可用传输窗口没有变化（约 720s），但是需要回放的成像数据显著增加，其中 WD-5000 的最大成像数据达 5000s。这意味着针对 WD 的十个测试场景，没有足够的传输窗口回放所有成像数据。此外，WD 中的所有地面目标均匀分布于全球范围内，相对于 CD 分布，WD 中的地面目标的工件拥堵度更小。因此，对于 WD 的十个测试场景，限制 ALNS＋NSGA-Ⅱ求解质量的主要约束条件不再是卫星姿态机动时间约束和天线校对时间约束，而是储存空间约束。

另一方面，面向任意测试场景，基于协同式调度模式的求解模型，ALNS＋NSGA-Ⅱ获取的最终卫星综合能源消耗总是最优的；基于妥协式调度模式的求解模型，ALNS＋NSGA-Ⅱ获取的最终卫星综合能源消耗总是次优的；基于分离式调度模式的求解模型，ALNS＋NSGA-Ⅱ获取的最终卫星综合能源消耗总是最差的。此外，测试场景规模的增加将加剧优劣差异。这个现象充分证实了 7.2 节阐述的三种一体化任务规划模式的设计思路，即分离式调度模式下的卫星成像观测任务规划和成像数据回放任务规划没有任何信息反馈，妥协式调度模式下的两者有一定程度上的信息反馈，而协同式调度模式下的两者是协同调度的，保证了不存在任何无效观测的地面目标，即所有形成的成像数据都被完全回放。

其次，本节统计不同一体化任务规划模式下，ALNS＋NSGA-Ⅱ求解所有测试场景无效观测的地面目标（式（7-62）），如图 7-2 所示。当测试场景规模较小（CD-100～WD-1000）时，基于三种一体化任务规划模式的求解模型，ALNS＋NSGA-Ⅱ获取的无效观测相仿，都非常小。呼应了前面的问题分析，即测试场景规模较小时，存在足够的传输窗口回放所有的成像数据，因此无效观测较少。随着测试场景规模的增加，基于分离式调度模式和妥协式调度模式的求解模型，ALNS + NSGA-Ⅱ获取的无效观测显著增加；基于协同式调度模式的求解模型，ALNS + NSGA-Ⅱ始终没有产生无效观测。此外，无效观测会导致额外的能源消耗，因此，基于协同式调度模式的求解模型，ALNS + NSGA-Ⅱ获取的卫星综合能源消耗总是最小的。

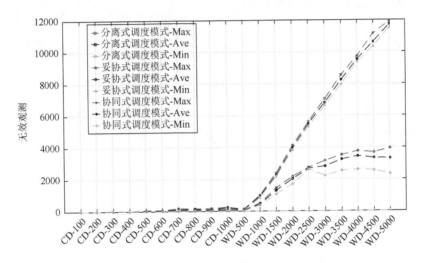

扫一扫　看彩图

图 7-2　不同一体化模式下各测试场景无效观测指标

综上所述，协同式调度模式的卫星一体化任务规划不仅有利于提升卫星观测更多优先级更高的地面目标，提供更多收益更高的支援信息，而且有助于节约卫星能源。因此，采用协同式调度模式构建并求解 ISPFEOS 是合理的。

7.3.3　ALNS + NSGA-Ⅱ算法进化

本节将以协同式调度模式下的求解模型为例，从算法寻优能力、收敛性及参数敏感度分析三个方面讨论本章自适应多目标模因算法的效能。

1. 算法寻优能力

针对 ISPFEOS 的研究较为稀缺，因此，不存在可以直接对比的求解算法。不失一般性，本节借鉴第 6 章的效能分析实验设计，以 Karapetyan 等[9]中的 GRASA、EC、SA 为本章自适应多目标模因算法（ALNS + NSGA-Ⅱ）的寻优对比算法。根据第 6 章的阐述，这三个算法是用于求解 SIDSP 的算法。因此，结合 ISPFEOS

特点，本节对它们进行适应性调整，即用它们替换 ALNS + NSGA-Ⅱ 的 ALNS，从而形成 GRASA + NSGA-Ⅱ、EC + NSGA-Ⅱ 和 SA + NSGA-Ⅱ 三种多目标模因算法。此外，基于第 6 章的考虑，本节同样以最大算法运行时间（式（6-32））为四个模因算法迭代寻优的终止条件。

　　以 WD 中的十个测试场景（WD-500～WD-5000）为测试案例，且针对每个场景，四个算法都有相同初始解进行迭代寻优。迭代寻优结束后，分别绘制帕累托前沿及迭代超体积，如图 7-3 所示。

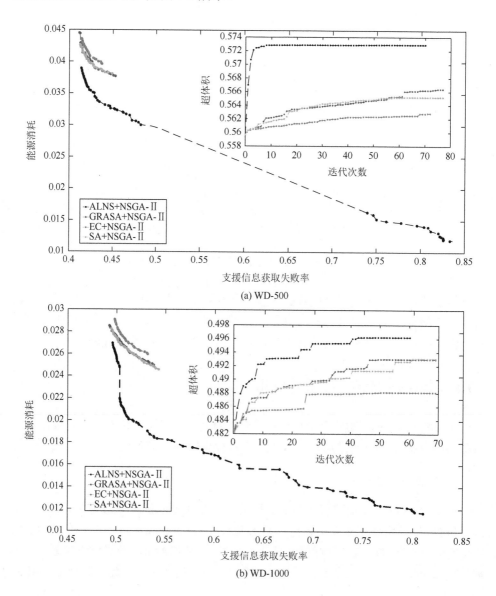

(a) WD-500

(b) WD-1000

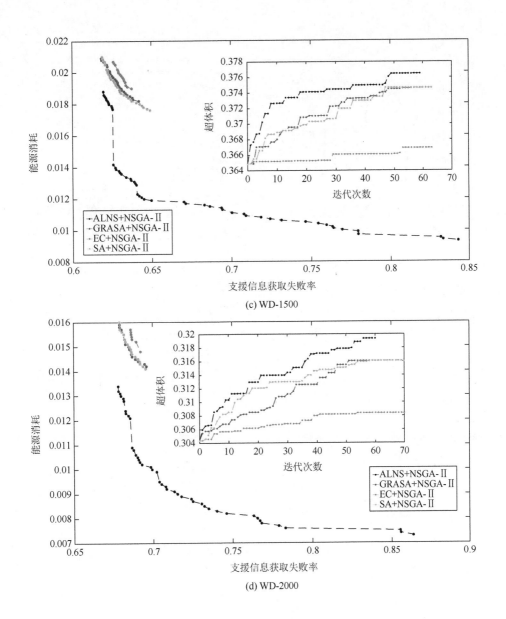

(c) WD-1500

(d) WD-2000

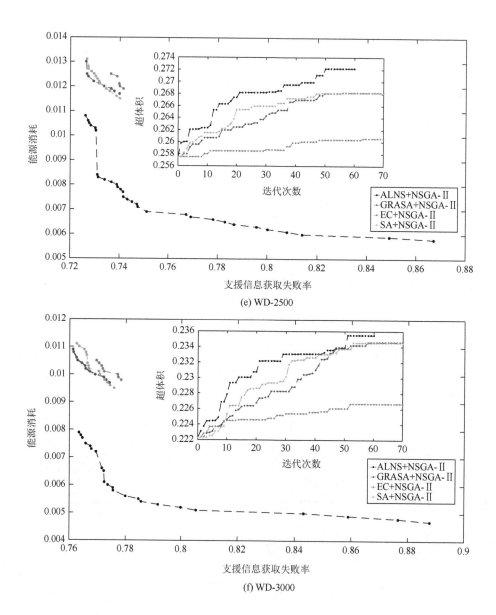

(e) WD-2500

(f) WD-3000

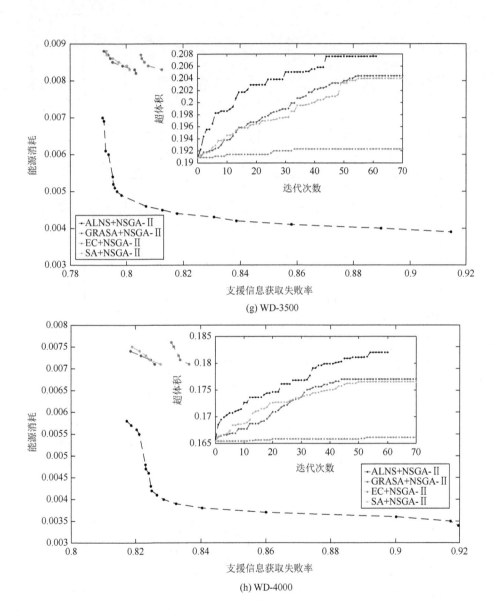

(g) WD-3500

(h) WD-4000

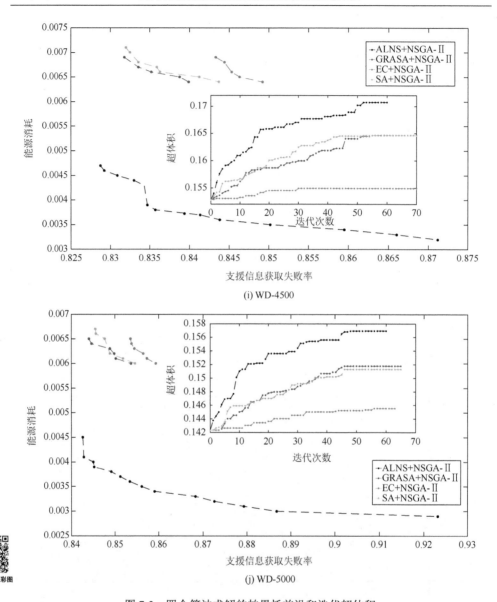

(i) WD-4500

(j) WD-5000

图 7-3   四个算法求解的帕累托前沿和迭代超体积

对比仿真实验结果，针对任意测试场景，ALNS + NSGA- Ⅱ 都显著优于其他三个对比算法，而且随着测试场景规模的增加，ALNS + NSGA- Ⅱ 的优势更为明显。

（1）ALNS + NSGA- Ⅱ 获取的帕累托前沿总是位于其他三个对比算法获取的帕累托前沿之下。这意味着 ALNS + NSGA- Ⅱ 搜索到的精英解质量（优化目标函数值）总是优于其他三个对比算法搜索到的精英解质量。

（2）ALNS + NSGA- Ⅱ 获取的帕累托前沿的长度总是大于其他三个对比算法

获取的帕累托前沿的长度。这意味着 ALNS + NSGA-Ⅱ搜索到的精英解多样性总是优于其他三个对比算法搜索到的精英解多样性。

（3）它们对应迭代超体积的变化曲线位置分布（即 ALNS + NSGA-Ⅱ对应的迭代超体积曲线总是高于其他三个对比算法对应的迭代超体积曲线）也反映了相同的结果，ALNS + NSGA-Ⅱ每一代的寻优能力都优于其他三个对比算法。

综上所述，本章的自适应多目标模因算法（ALNS + NSGA-Ⅱ）求解 ISPFEOS 具有不俗的搜索寻优能力。

2. 算法收敛性

为了深入分析 ALNS + NSGA-Ⅱ的收敛性，本节同样以 ALNS + CREM（算法设计见第 3 章）为对照算法，ALNS + CREM 结合了 ALNS 和 CREM，其中 CREM 要求随机保留精英解。基于 CD 中的所有测试场景，分别独立重启两个算法（ALNS + NSGA-Ⅱ和 ALNS + CREM）50 次，统计每次重启它们寻优的最终超体积。本节采用箱线图绘制 50 次重启对应的最终超体积，如图 7-4 所示。其中，黑色箱子和蓝色箱子分别刻画了 ALNS + NSGA-Ⅱ和 ALNS + CREM 的 50 次重启的最终超体积，红色加号表示异常值。此外，为了更加直观地观察 ALNS + NSGA-Ⅱ的进化机制（NSGA-Ⅱ）的优势，本节选取五个测试场景（CD-100、CD-300、CD-500、CD-700、CD-900）作为示例，分别绘制两个算法基于它们重启 50 次搜索到的最优帕累托前沿（图 7-4 的五个子图）。

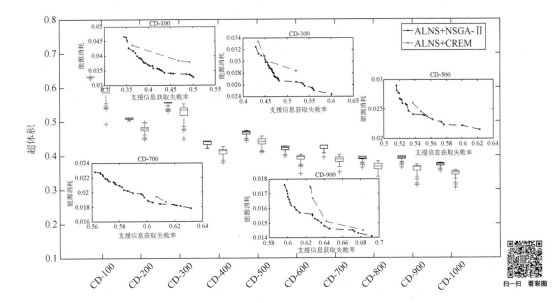

图 7-4　ALNS + NSGA-Ⅱ和 ALNS + CREM 的收敛分布

首先，对于每个测试场景，黑色箱子的位置总是高于蓝色箱子的位置。这意味着 ALNS + NSGA-Ⅱ 搜索到的精英解总是优于 ALNS + CREM 搜索到的精英解。

其次，对于每个测试场景，黑色箱子的长度明显短于蓝色箱子的长度，而且黑色箱子对应的红色加号更少。这意味着求解 ISPFEOS，ALNS + NSGA-Ⅱ 具有很好的迭代寻优稳定性，即收敛性较好。

最后，对应五个示例场景，两个算法分别获取的帕累托前沿位置分布也反映出 ALNS + NSGA-Ⅱ 具有更好的迭代寻优能力，ALNS + NSGA-Ⅱ 获取的帕累托前沿位置总是最低而且总是最长。

综上所述，求解 ISPFEOS，本章的 ALNS + NSGA-Ⅱ 进化机制具有良好的收敛性，能够稳定地寻找到更好的、更多样的解。

为了进一步展示 ALNS + NSGA-Ⅱ 良好的算法收敛性，即在较少迭代次数内达到算法稳定。本节选取四个测试场景（CD-200、CD-400、CD-600、CD-800）为示例场景，分别绘制 200 代内 ALNS + NSGA-Ⅱ 和 ALNS + CREM 的迭代超体积曲线，如图 7-5 所示。针对每个示例场景，在 40 代之前，ALNS + NSGA-Ⅱ 总是可以达到其稳定点，即迭代超体积不再发生剧烈变化；ALNS + CREM 的迭代超体积曲线始终处于混乱状态。

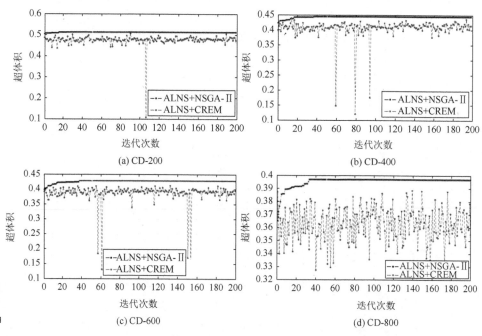

图 7-5　ALNS + NSGA-Ⅱ 和 ALNS + CREM 的迭代超体积曲线

3. 参数 λ 取值的敏感度分析

与第 6 章的设计相同，本章同样分析所有操作算子（破坏操作算子和修复操作算子）的进化，即对参数 λ 设置的敏感度。本节选取 WD 中的测试场景 WD-500 为案例，令参数 $\lambda \in [0,1]$，粒度为 0.1。基于参数 λ 的不同取值，独立重启 ALNS + NSGA-Ⅱ共 50 次求解 WD-500，所有操作算子的最终权重由两个箱线图绘制，如图 7-6 所示。

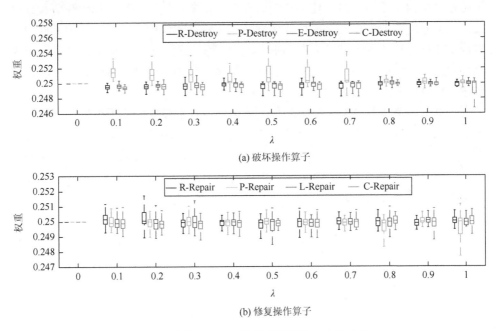

(a) 破坏操作算子

(b) 修复操作算子

图 7-6　参数 λ 取值与操作算子最终权重的关系

首先，基于参数 λ 的任意取值，所有操作算子（四个破坏操作算子和四个修复操作算子）最终权重的平均值总是分别徘徊于对应的同一水平线（0.25）。这意味着所有操作算子对参数 λ 的取值不敏感，故本章的其他仿真实验中令参数 $\lambda = 0.5$。此外，破坏操作算子中 P-Destroy 的表现相对强势。

其次，箱子的长度反映对应数值的离差，即箱子越长，对应数据越混乱、离差越大。因此，四个修复操作算子的表现稳定性更好，而四个破坏操作算子的表现稳定性较差。

破坏操作算子和修复操作算子需要成对实验，才能构造出更多、更丰富的大邻域。当参数 $\lambda = 0.5$ 时，P-Destroy 的表现显著优于其他破坏操作算子的表现，P-Repair 的表现略好于其他修复操作算子。因此，结合 P-Destroy 和 P-Repair 一定程度上有利于自适应多目标模因算法（ALNS＋NSGA-Ⅱ）更快地构造出更多质量更好的解，有助于 ALNS＋NSGA-Ⅱ更快、更好地求解 ISPFEOS，从而能够更快地提供更多、更好的支援信息。

7.4　本 章 小 结

本章系统、完整地描述了 ISPFEOS，梳理、规范化问题构成描述。面向无公认的建模架构的卫星一体化任务规划研究现状，本章提出三种一体化任务规划模式，包括分离式调度模式、妥协式调度模式和协同式调度模式，并基于不同建模架构，将 ISPFEOS 构建为不同的双目标优化调度问题，同时优化支援信息获取失败率和卫星综合能源消耗。此外，面向一体化任务规划问题特点，调整、丰富了自适应多目标模因算法（ALNS＋NSGA-Ⅱ）。

本章从多个测度分别分析了三种一体化任务规划模式的应用效能，分析结果揭示了协同式调度模式的卫星一体化任务规划不仅有利于保证卫星观测更多优先级更高的地面目标，提供更多收益更高的信息支援，而且有助于节约卫星能源。此外，本章还分析了自适应多目标模因算法（ALNS＋NSGA-Ⅱ）求解 ISPFEOS 的适用性和算法自适应进化机制。

参 考 文 献

[1]   王勇. 关于国务院机构改革方案的说明——2018 年 3 月 13 日在第十三届全国人民代表大会第一次会议上[EB/OL]. （2018-03-14） [2023-09-20]. https://www.gov.cn/guowuyuan/2018-03/14/content_5273856.htm.

[2]   Niu X N, Tang H, Wu L X. Satellite scheduling of large areal tasks for rapid response to natural disaster using a multi-objective genetic algorithm[J]. International Journal of Disaster Risk Reduction, 2018, 28: 813-825.

[3]   Zhu K J, Li J, Baoyin H. Satellite scheduling considering maximum observation coverage time and minimum orbital transfer fuel cost[J]. Acta Astronautica, 2010, 66: 220-229.

[4]   李德仁, 邵振峰. 中国对地观测卫星及其应用[J]. 科学, 2007, 59 (6): 4-8.

[5]   Zhao L, Wang S, Hao Y, et al. Energy-dependent mission planning for agile earth observation satellite[J]. Journal of Aerospace Engineering, 2019, 32 (1): 04018118.

[6]   Petak W J. Emergency management: A challenge for public administration[J]. Public Administration Review, 1985, 45: 3-7.

[7]   Vatalaro F, Corazza G E, Caini C, et al. Analysis of LEO, MEO, and GEO global mobile satellite systems in the presence of interference and fading[J]. IEEE Journal on Selected Areas in Communications, 1995, 13 (2): 291-300.

[8]   洪志国, 吴凤鸽, 范植华, 等. 基于 PETRI 网模型的 LEO/MEO/GEO 三层卫星网络的性能分析[J]. 电子学报, 2005, 33 (2): 354-357.

[9]   Karapetyan D, Mitrovic Minic S, Malladi K T, et al. Satellite downlink scheduling problem: A case study[J]. Omega, 2015, 53: 115-123.

[10]   郭雷. 敏捷卫星调度问题关键技术研究[D]. 武汉: 武汉大学, 2015.

[11]   裴浩, 敖艳红. 卫星遥感技术的应用与发展[J]. 航天器工程, 2008, 17 (6): 102-106.

[12]   张正强. 基于 MAS 的分布式成像卫星系统任务规划与控制问题研究[D]. 长沙: 国防科学技术大学, 2006.

[13]   阮启明. 面向区域目标的成像侦察卫星调度问题研究[D]. 长沙: 国防科学技术大学, 2006.

[14]   白保存. 考虑任务合成的成像卫星调度模型与优化算法研究[D]. 长沙: 国防科学技术大学, 2008.

[15]   王军民. 成像卫星鲁棒性调度方法及应用研究[D]. 长沙: 国防科学技术大学, 2008.

[16]   中国政府网. 我国"高分二号"卫星成功发射[EB/OL]. （2014-08-19） [2023-10-10]. https://www.gov.cn/xinwen/2014-08/19/content_2736753.htm.

[17]   Wang S, Jin R, Zhu J D. Super View-1-China's First commercial remote sensing satellite constellation with a high resolution of 0.5m[J]. Aerospace China, 2018, 19 (1): 31-38.

[18]   中新网. 中国成功发射高分多模卫星和"西柏坡号"青少年科普卫星[EB/OL]. （2020-07-03）

[2023-10-10]. https://www.chinanews.com/gn/2020/07-03/9228314.shtml.

[19] Mcelroy J. Observation of the Earth and its environment: Survey of missions and sensors, third edition（BR）[J]. Eos, Transactions American Geophysical Union, 1996, 77（31）: 292.

[20] Wu D, Chen Y T, Li Q, et al. Attitude scheduling and verification for dynamic imaging of agile satellites[J]. Optik, 2020, 206: 164365.

[21] Lee D Y, Park H, Romano M, et al. Development and experimental validation of a multi-algorithmic hybrid attitude determination and control system for a small satellite[J]. Aerospace Science and Technology, 2018, 78: 494-509.

[22] Wang P, Reinelt G. A heuristic for an earth observing satellite constellation scheduling problem with download considerations[J]. Electronic Notes in Discrete Mathematics, 2010, 36: 711-718.

[23] Wang P, Reinelt G, Gao P, et al. A model, a heuristic and a decision support system to solve the scheduling problem of an earth observing satellite constellation[J]. Computers & Industrial Engineering, 2011, 61（2）: 322-335.

[24] Wu G H, Wang H L, Pedrycz W, et al. Satellite observation scheduling with a novel adaptive simulated annealing algorithm and a dynamic task clustering strategy[J]. Computers & Industrial Engineering, 2017, 113: 576-588.

[25] Gabrel V, Moulet A, Murat C, et al. A new single model and derived algorithms for the satellite shot planning problem using graph theory concepts[J]. Annals of Operations Research, 1997, 69: 115-134.

[26] Chang Z X, Chen Y N, Yang W Y, et al. Mission planning problem for optical video satellite imaging with variable image duration: a greedy algorithm based on heuristic knowledge[J]. Advances in Space Research, 2020, 66（11）: 2597-2609.

[27] Peng G S, Dewil R, Verbeeck C, et al. Agile earth observation satellite scheduling: An orienteering problem with time-dependent profits and travel times[J]. Computers & Operations Research, 2019, 111: 84-98.

[28] Wolfe W J, Sorensen S E. Three scheduling algorithms applied to the earth observing systems domain[J]. Management Science, 2000, 46（1）: 148-166.

[29] Guo H D, Liu J B, Li A, et al. Earth observation satellite data receiving, processing system and data sharing[J]. International Journal of Digital Earth, 2012, 5（3）: 241-250.

[30] Chen N. China's First Overseas Land Satellite Receiving Station Put into Operation[R/OL].（2016-12-16）[2023-10-10]. https://english.cas.cn/newsroom/archive/news_archive/nu2016/201612/t20161215_172471.shtml.

[31] Cohen R. Automated spacecraft scheduling the ASTER example[R]. Pasadena: Jet Propulsion Laboratory, 2002.

[32] 徐雪仁, 宫鹏, 黄学智, 等. 资源卫星（可见光）遥感数据获取任务调度优化算法研究[J]. 遥感学报, 2007, 11: 109-114.

[33] 王钧. 成像卫星综合任务调度模型与优化方法研究[D]. 长沙: 国防科学技术大学, 2007.

[34] Wu G H, Liu J, Ma M H, et al. A two-phase scheduling method with the consideration of task clustering for earth observing satellites[J]. Computers & Operations Research, 2013, 40（7）: 1884-1894.

[35] Long J, Chen S L, Li C, et al. A task clustering method for multi agile satellite based on clique partition[C]. Changsha: 2018 11th International Conference on Intelligent Computation Technology and Automation, 2018: 332-336.

[36] Long X Y, Wu S F, Wu X F, et al. A GA-SA hybrid planning algorithm combined with improved clustering for LEO observation satellite missions[J]. Algorithms, 2019, 12 (11): 231.

[37] Liu X L, Laporte G, Chen Y W, et al. An adaptive large neighborhood search metaheuristic for agile satellite scheduling with time-dependent transition time[J]. Computers & Operations Research, 2017, 86: 41-53.

[38] Lemaître M, Verfaillie G, Jouhaud F, et al. Selecting and scheduling observations of agile satellites[J]. Aerospace Science and Technology, 2002, 6 (5): 367-381.

[39] Bensana E, Verfaillie G, Agnese J C, et al. Exact and inexact methods for the daily management of an earth observation satellite[C]. Naples and Capri: Proceedings of the International Symposium on Space Mission Operations and Ground Data Systems, 1996: 507-514.

[40] Wu K, Zhang D X, Chen Z H, et al. Multi-type multi-objective imaging scheduling method based on improved NSGA-III for satellite formation system[J]. Advances in Space Research, 2019, 63 (8): 2551-2565.

[41] Berger J, Lo N, Barkaoui M. QUEST—A new quadratic decision model for the multi-satellite scheduling problem[J]. Computers & Operations Research, 2020, 115: 104822.

[42] Xu Y J, Liu X L, He R J, et al. Multi-satellite scheduling framework and algorithm for very large area observation[J]. Acta Astronautica, 2020, 167: 93-107.

[43] He L, de Weerdt M, Yorke-Smith N. Time/sequence-dependent scheduling: The design and evaluation of a general purpose tabu-based adaptive large neighbourhood search algorithm[J]. Journal of Intelligent Manufacturing, 2020, 31 (4): 1051-1078.

[44] Mok S H, Jo S, Bang H, et al. Heuristic-based mission planning for an agile earth observation satellite[J]. International Journal of Aeronautical and Space Sciences, 2019, 20 (3): 781-791.

[45] He L, Liu X L, Laporte G, et al. An improved adaptive large neighborhood search algorithm for multiple agile satellites scheduling[J]. Computers & Operations Research, 2018, 100: 12-25.

[46] He R J. Parallel machine scheduling problem with time windows: A constraint programming and tabu search hybrid approach[C]. Guangzhou: International Conference on Machine Learning & Cybernetics, 2005: 2939-2944.

[47] Wang X W, Chen Z, Han C. Scheduling for single agile satellite, redundant targets problem using complex networks theory[J]. Chaos, Solitons & Fractals, 2016, 83: 125-132.

[48] Wang J, Jing N, Li J, et al. A multi-objective imaging scheduling approach for earth observing satellites[C]. London: Proceedings of the 9th Annual Conference on Genetic and Evolutionary Computation, 2007: 2211-2218.

[49] Yang W Y, Chen Y N, He R J, et al. The bi-objective active-scan agile earth observation satellite scheduling problem: Modeling and solution approach[C]. Rio de Janeiro: 2018 IEEE Congress on Evolutionary Computation, 2018: 1-6.

[50] Barbulescu L, Watson J P, Whitley L D, et al. Scheduling space-ground communications for the

air force satellite control network[J]. Journal of Scheduling, 2004, 7 (1): 7-34.

[51] Malladi K T, Minic S M, Karapetyan D, et al. Satellite constellation image acquisition problem: A case study[M]//Fasano G, Pintér J D. Space Engineering Springer Optimization and Its Applications. Cham: Springer, 2016: 177-197.

[52] Zhang J W, Xing L N, Peng G S, et al. A large-scale multiobjective satellite data transmission scheduling algorithm based on SVM + NSGA-II [J]. Swarm and Evolutionary Computation, 2019, 50: 100560.

[53] Bianchessi N, Righini G. Planning and scheduling algorithms for the COSMO-SkyMed constellation[J]. Aerospace Science and Technology, 2008, 12 (7): 535-544.

[54] Peng G S, Song G P, Xing L N, et al. An exact algorithm for agile earth observation satellite scheduling with time-dependent profits[J]. Computers & Operations Research, 2020, 120: 104946.

[55] Grasset-Bourdel R, Verfaillie G, Flipo A. Planning and replanning for a constellation of agile Earth observation satellites[C]. Freiburg: Proceedings of the 21st International Conference on Automated Planning and Scheduling, 2011: 107-113.

[56] Chen H, Wu J J, Shi W Y, et al. Coordinate scheduling approach for EDS observation tasks and data transmission jobs[J]. Journal of Systems Engineering and Electronics, 2016, 27 (4): 822-835.

[57] Li J, Li J, Chen H, et al. A data transmission scheduling algorithm for rapid-response earth-observing operations[J]. Chinese Journal of Aeronautics, 2014, 27 (2): 349-364.

[58] Peng S A, Chen H, Li J, et al. Approximate path searching method for single-satellite observation and transmission task planning problem[J]. Mathematical Problems in Engineering, 2017, 2017: 1-16.

[59] Wang X W, Wu G H, Xing L N, et al. Agile earth observation satellite scheduling over 20 years: Formulations, methods and future directions[J]. IEEE Systems Journal, 2021, 15 (3): 3881-3892.

[60] Ma L, Xie P, Liu D, et al. Research on the influence of China's commercial space flight on the economic and social development of the Regions along the Belt and Road[C]. Washington, D.C.: Proceedings of International Astronautical Congress, 2019: 187-192.

[61] Jawak S D, Luis A J. Improved land cover mapping using high resolution multiangle 8-band WorldView-2 satellite remote sensing data[J]. Journal of Applied Remote Sensing, 2013, 7(1): 073573.

[62] Pu R L, Landry S, Yu Q Y. Assessing the potential of multi-seasonal high resolution Pléiades satellite imagery for mapping urban tree species[J]. International Journal of Applied Earth Observation and Geoinformation, 2018, 71: 144-158.

[63] Jakhu R S, Pelton J N. The development of small satellite systems and technologies[M]// Jakhu R S, Pelton J N. Small Satellites and Their Regulation. New York: Springer, 2014: 13-20.

[64] Zufferey N, Amstutz P, Giaccari P. Graph colouring approaches for a satellite range scheduling problem[J]. Journal of Scheduling, 2008, 11 (4): 263-277.

[65] Du Y H, Xing L N, Zhang J W, et al. MOEA based memetic algorithms for multi-objective

satellite range scheduling problem[J]. Swarm and Evolutionary Computation, 2019, 50: 100576.

[66] Spangelo S, Cutler J, Gilson K, et al. Optimization-based scheduling for the single-satellite, multi-ground station communication problem[J]. Computers & Operations Research, 2015, 57: 1-16.

[67] Zhao W H, Zhao J, Zhao S H, et al. Resources scheduling for data relay satellite with microwave and optical hybrid links based on improved niche genetic algorithm[J]. Optik, 2014, 125 (13): 3370-3375.

[68] Xiao Y Y, Zhang S Y, Yang P, et al. A two-stage flow-shop scheme for the multi-satellite observation and data-downlink scheduling problem considering weather uncertainties[J]. Reliability Engineering & System Safety, 2019, 188: 263-275.

[69] Deb K, Pratap A, Agarwal S, et al. A fast and elitist multiobjective genetic algorithm: NSGA-II [J]. IEEE Transactions on Evolutionary Computation, 2002, 6 (2): 182-197.

[70] Pisinger D, Ropke. A general heuristic for vehicle routing problems[J]. Computers & Operations Research, 2007, 34 (8): 2403-2435.

[71] Huang W, Sun S R, Jiang H B, et al. GF-2 satellite 1m/4m camera design and in-orbit commissioning[J]. Chinese Journal of Electronics, 2018, 27 (6): 1316-1321.

[72] Chang Z X, Zhou Z B, Yao F, et al. Observation scheduling problem for AEOS with a comprehensive task clustering[J]. Journal of Systems Engineering and Electronics, 2021, 32 (2): 347-364.

[73] Wang S, Zhao L, Cheng J H, et al. Task scheduling and attitude planning for agile earth observation satellite with intensive tasks[J]. Aerospace Science and Technology, 2019, 90: 23-33.

[74] Zhang Q F, Li H. MOEA/D: A multiobjective evolutionary algorithm based on decomposition[J]. IEEE Transactions on Evolutionary Computation, 2007, 11 (6): 712-731.

[75] Wang R, Purshouse R C, Fleming P J. Preference-inspired coevolutionary algorithms for many-objective optimization[J]. IEEE Transactions on Evolutionary Computation, 2013, 17 (4): 474-494.

[76] Durillo J J, Nebro A J. jMetal: A Java framework for multi-objective optimization[J]. Advances in Engineering Software, 2011, 42 (10): 760-771.

[77] 吕高见, 关宏, 田科丰, 等. 高分多模卫星控制分系统设计及在轨验证[J]. 航天器工程, 2021, 3: 141-147.

[78] 刘晓东, 陈英武, 贺仁杰, 等. 基于空间几何模型的遥感卫星任务分解算法[J]. 系统工程与电子技术, 2011, 33 (8): 1783-1788.

[79] 杨文沅, 贺仁杰, 耿西英智, 等. 面向区域目标的敏捷卫星非沿迹条带划分方法[J]. 科学技术与工程, 2016, 16 (22): 82-87.

[80] 白保存, 陈英武, 贺仁杰, 等. 综合点目标和区域目标的多星观测调度[J]. 宇航学报, 2009, 30 (2): 754-759.

[81] Kidd M P, Lusby R, Larsen J. Equidistant representations: Connecting coverage and uniformity in discrete biobjective optimization[J]. Computers & Operations Research, 2020, 117: 104872.

[82] Bianchessi N, Cordeau J F, Desrosiers J, et al. A heuristic for the multi-satellite, multi-orbit and multi-user management of earth observation satellites[J]. European Journal of Operational

Research，2007，177（2）：750-762.

[83] Liao D Y，Yang Y T. Imaging order scheduling of an earth observation satellite[J]. IEEE Transactions on Systems，Man and Cybernetics，Part C（Applications and Reviews），2007，37（5）：794-802.

[84] Lin W C，Liao D Y，Liu C Y，et al. Daily imaging scheduling of an earth observation satellite[J]. IEEE Transactions on Systems，Man and Cybernetics，Part A（Systems and Humans），2005，35（2）：213-223.

[85] Mansour M A A，Dessouky M M. A genetic algorithm approach for solving the daily photograph selection problem of the SPOT5 satellite[J]. Computers & Industrial Engineering，2010，58（3）：509-520.

[86] Ribeiro G M，Constantino M F，Lorena L A N. Strong formulation for the spot 5 daily photograph scheduling problem[J]. Journal of Combinatorial Optimization，2010，20（4）：385-398.

[87] 孙凯，邢立宁，陈英武. 基于分解优化策略的多敏捷卫星联合对地观测调度[J]. 计算机集成制造系统，2013，19（1）：127-136.

[88] Gleyzes M A，Perret L，Kubik P. PLEIADES system architecture and main performances[C]. Eduard Dolezal：The International Archives of the Photogrammetry，Remote Sensing and Spatial Information Sciences，2012：537-542.

[89] 安培浚，王雪梅，张志强，等. 国外遥感卫星地面站分布及运行特点[J]. 遥感技术与应用，2008，23（6）：697-704.

[90] Luo K P，Wang H H，Li Y J，et al. High-performance technique for satellite range scheduling[J]. Computers & Operations Research，2017，85：12-21.

[91] She Y C，Li S，Li Y K，et al. Slew path planning of agile-satellite antenna pointing mechanism with optimal real-time data transmission performance[J]. Aerospace Science and Technology，2019，90：103-114.

[92] Muter İ，Sezer Z. Algorithms for the one-dimensional two-stage cutting stock problem[J]. European Journal of Operational Research，2018，271（1）：20-32.

[93] Mito T，Doura T，Awasawa A，et al. The data relay and tracking satellite system: Present status of NASDA[J]. Acta Astronautica，1991，24：279-282.

[94] Thornton J. A low sidelobe asymmetric beam antenna for high altitude platform communications[J]. IEEE Microwave and Wireless Components Letters，2004，14（2）：59-61.

[95] Delorme M，Iori M，Martello S. Bin packing and cutting stock problems: Mathematical models and exact algorithms[J]. European Journal of Operational Research，2016，255（1）：1-20.

[96] Gu X S，Bai J，Zhang C Z，et al. Study on TT&C resources scheduling technique based on inter-satellite link[J]. Acta Astronautica，2014，104（1）：26-32.

[97] Hu X X，Zhu W M，An B，et al. A branch and price algorithm for EOS constellation imaging and downloading integrated scheduling problem[J]. Computers & Operations Research，2019，104：74-89.